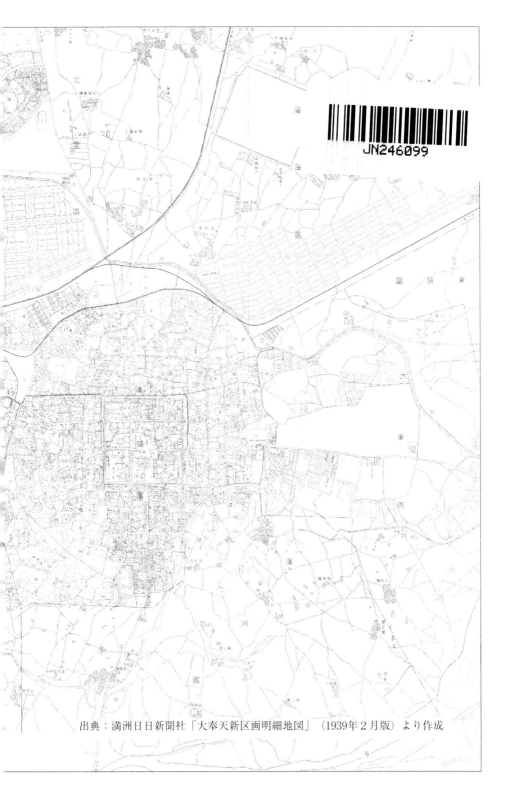

出典：満洲日日新聞社「大奉天新区画明細地図」（1939年2月版）より作成

近代中国東北地域の綿業

奉天市の中国人綿織物業を中心として

張　暁紅 著

大学教育出版

近代中国東北地域の綿業
― 奉天市の中国人綿織物業を中心として ―

目　次

ii

序　章　課題と視角 ……………………………………………………… *1*

　　1. 問題意識　*1*

　　2. 東北綿業に関する先行研究　*6*

　　3. 本書の構成と留意点　*15*

第1章　奉天の工業構造と商品流通 ……………………………… *21*

第1節　地域区分と人口分布　*21*

　　1. 地域区分　*21*

　　2. 人口の増加　*24*

　　3. 人口分布　*26*

第2節　工業構造の変容と工場分布　*28*

　　1. 中核工業地の起点　*28*

　　2. 工業構造の変容　*31*

　　3. 国籍別工場生産と分布　*34*

第3節　奉天市場における商品流通　*42*

　　1. 商品流通とその特徴　*43*

　　2. 奉天における綿布の集散状況　*46*

小括　*48*

第2章　1920年代の奉天における中国人綿織物業 ……………… *53*

第1節　1920年代の東北地域における綿布生産　*53*

　　1. 「満洲綿糸布需給表」の問題点　*53*

　　2. 東北地域の綿布生産高と綿糸布輸移入　*56*

　　3. 都市と県城における織布工場の発展　*58*

第2節　奉天における綿織物業の特徴　*60*

　　1. 規模　*60*

　　2. 立地と創立年次　*62*

　　3. 中小綿織物業の電化　*63*

第3節　奉天紡紗廠と中小綿織物業　*64*

目　次　*iii*

　　1．奉天紡紗廠の原料綿糸供給　*64*

　　2．奉天紡紗廠の綿布生産と中小綿織物業　*66*

　小括　*69*

第3章　1931-1936 年の満洲国の関税政策と綿業 …………………… *79*

第1節　第二次関税改正の背景とその内容　*80*

　　1．背景　*80*

　　2．改正内容　*86*

第2節　第二次関税改正案の審議過程　*87*

　　1．審議過程の概観　*87*

　　2．満洲国実業部案と財政部案　*89*

　　3．「保護政策」の意図　*90*

　　4．関税改正と関税協定　*92*

第3節　第二次関税改正と綿業　*98*

　　1．「合法的脱税」の激減と生地綿布輸入の増加　*98*

　　2．改正後の綿織物業　*100*

　小括　*103*

第4章　1931-1936 年の中小綿織物業 ……………………………… *107*

第1節　綿織物生産における奉天の位置づけ　*107*

　　1．綿織物生産にみられる地域類型　*107*

　　2．奉天・営口・安東の綿織物生産と市場　*110*

第2節　奉天の中小綿織物工場の生産実態　*115*

　　1．規模　*115*

　　2．生産コスト　*117*

　　3．労働者　*118*

　小括　*122*

第5章 1931-1936年の綿糸布商とその活動 ……………………… 133

第1節 奉天における糸房とその組織 134

　1. 糸房とその活動 134

　2. 奉天市の商会と糸房 140

　3. 綿布生産組織者としての糸房 144

第2節 日本人商人の進出と奉天商人の直輸入 148

　1. 奉天綿布市場とその担い手 148

　2. 奉天商人の直輸入 151

小括 155

第6章 満洲国期の機械制綿紡織工場の変遷と綿糸布生産 …………… 165

第1節 機械制綿紡織工場の生産設備と動向 168

　1. 各社の動向 168

　2. 生産工場の増加と生産設備の拡大 171

　3. 生産量の変動 172

第2節 奉天紡紗廠の経営状況 174

　1. 綿糸と綿布生産高の変動 174

　2. 収益状況と利益処分 176

　3. 奉天紡紗廠の株主 180

小括 183

第7章 1937-1945年の綿業と中国人商工業者 …………………… 185

第1節 自給自足政策の実施とその制約 185

　1. 紡績会社の過剰な生産能力 185

　2. 原棉不足の問題 188

第2節 原棉綿製品統制（1939.3）の仕組みと影響 190

　1. 原棉綿製品統制法と満洲綿業聯合会 190

　2. 卸商の排除と中国人商人 192

第3節 繊維及繊維製品統制法（1941.6）以降の変容 195

目　次　v

   1. 繊維及繊維製品統制法と満洲繊維聯合会の統制強化　*195*

   2. 「繊維及繊維製品需給三ヵ年計画」と満洲繊維公社の設立　*197*

   3. 統制末期の中国人商工業者の経営状況　*198*

小括　*203*

終　章　総括と展望 ………………………………………………… *209*

   1. 総括　*209*

   2. 中国綿業と東北綿業　*211*

   3. 今後の課題　*213*

あとがき ………………………………………………………………… *215*

参考文献 ………………………………………………………………… *222*

序　章

課題と視角

　本書の課題は、1920 年代から 1945 年までの奉天市（現・中国遼寧省瀋陽市）を中心とした中国東北地域の綿業について検討し、輸入綿布と対抗しつつ一定の発展を遂げ、「満洲国」（以下「」を省略）政府の支配の下で発展を抑制された中国人綿織物業やその担い手の様相を明らかにすることである。

1.　問題意識

　これまでの満洲国期の中国東北地域の経済に関する研究を、（1）日本帝国主義による「支配と収奪」あるいは「従属と抵抗」（帝国主義と植民地）および（2）近代化、工業化という視点からの研究に 2 分類して整理を行うと、以下のようになる。

　（1）の研究は最近までの研究の中心をなした。農村支配、鉱工業支配、鉄道支配、財政・金融支配など日本帝国主義による中国侵略・支配の要となった分野の研究[1] が、侵略の社会的基盤の研究[2] をも含めて、日本の研究者によって盛んに行われてきた。また同様の視点から、中国側の研究者は中国が日本帝国主義によって安価な工業原料と労働力が収奪され、経済的発展が押しとどめられてきたことを強調してきた[3]。こうした研究は日本による東北支配が種々の矛盾と抵抗を生み出し、その植民地的再編成に成功しなかったことを明らかにしてきた。しかし、その弱点の一つは支配する側の視点が中心をなしているため、支配される側の商工業や経済組織、経済主体である中国人商工業者の実態究明には至らなかったことを指摘しなければいけない。

2

　もっとも、東北における中国人商工業の検討がまったくなされなかったわけではない。戦前の東北経済の現状分析の到達点ともいうべき『満洲経済年報』1935年版[4]は満洲「土着工業の半植民地的編成替過程と諸形態」と題して、列強とくに日本による植民地化政策を基点とした土着工業の編成替の過程を分析しているが、そこでの土着工業の発展への評価は極めて低い。すなわちそこでは、土着工業が二つの軌道をたどり、四つの型に編成替えされているとされた。二つの軌道とは、一つは資本主義商品の流入によって、資本主義的発展がその端緒から阻害されたものである。木綿工業と土法的製鉄、採炭部門がそれである。今ひとつは、先進資本主義国の原料需要に応じながら、輸出産業として畸形的に、また先進資本主義国に隷属的に発展したものであり、柞蚕製糸業、油房業、製粉業がそれに当たる[5]。また、四つの型とは、綿織物業に示される問屋制的家内工業と「徒弟労役」制的零細マニュファクチャー＝零細工場の型、柞蚕製糸業に現れた「肉体消磨的労役」たる典型的マニュファクチャーの型、油房業並びに製粉業に現れた「満洲的低賃金」と「拘置的労働条件」とをもつ小中工場工業の型である[6]。そしてこれらは1930年代に解体、分解するとされるのである。

　1935年版『満洲経済年報』の著者たちが述べるように、恐慌期（1929-1933年）に東北地域の土着工業の多くが大打撃を受けたことは事実である。しかし、後述するごとく、資本主義的発展が端緒から阻害されたとされる綿織物業（木綿工業）は1920年代に大きく成長した。恐慌や関税改正によって淘汰され、統制政策のもとで種々の試練を受けながらも現地経済に精通する生産（場合によって流通も）の担い手としての強靭さを生かし、日本支配に対して協力と対抗の二面性を合わせ持ち、臨機応変に対応した中小業者は小工場段階まで発展していたのである。こうした土着工業の自生的発展が『満洲経済年報』ではあまり評価されていないといってよい。

　（2）についてみよう。中国側の研究は傀儡政権のもとでの産業構造の畸形的な発展を強調する。日本側の研究は工業化の展開、戦時と戦後の「断絶」と「連続」という視点から、日系国策大企業が牽引役とした重化学工業化の中華人民共和国（以下、新中国）東北経済への還流の有無についての実証的な研究

が主であった。

　中国では満洲国工業化の特徴の把握に重点を置いた研究が主流であり、代表的なものは孔経緯、中国社会科学院中央档案館、解学詩、衣保中などの研究を挙げることができる[7]。これらの研究の共通の主張は、満洲国の工業化は重化学工業の比重が突出して高く、軽工業は比重が極端に低いという重化学工業と軽工業の畸形的な産業構造（植民地的産業構造）を作り出し、こうした畸形的産業構造がその後新中国の東北地域経済のアンバランスな発展に影響を及ぼした、という点にある。たとえば、前掲孔、解両氏の研究では、民族工場は日系大企業に搾取される対象として捉えられ、休業・倒産する工場が続出した事実が強調されている[8]。

　筆者は満洲国の経済統制政策の実施は民族産業に大打撃を与えた点について共通の認識を持っており、これは否定できない事実である。しかしミクロ的なレベルでみると、厳しい環境の中で個々の規模は小さいものの、重圧に耐えつつしたたかに生きる道を探る中国人商工業者も数多く存在した。満洲国が崩壊し、新中国に移行する際に、これらの中国人商工業者は重要な役割を果たすことになっていった。こういった史実を考慮すれば、これまでの中国側研究者にみられた、日本の収奪によって満洲国における中国人商工業が停滞したという「収奪⇒停滞説」は、中国人商工業者の柔軟性と強い生命力を見落としてしまう恐れがあるといわざるを得ない。

　一方、日本の代表的な成果は山本有造、松本俊郎、峰毅、飯塚靖による研究を挙げることができる[9]。山本は数量経済史的方法を用いて満洲国経済の生産力と生産構造の変化を統計的に検証し、満洲国工業化の進展をマクロ的に明らかにした。松本、峰、飯塚はそれぞれ鉄鋼、化学、オイルシェール工業の分野における工業化の進展を明らかにするとともに、これらの工業が新中国に継承されたか否か（連続性と非連続性の問題）を検討し、満洲国工業化の研究を産業分析の段階にまで押し進め、また新中国工業化の初期条件の問題に一石を投じた。これらの研究は侵略という事実を重く受け止めながらも、日本の投資が中国の工業化や資本形成、人材の育成に大きな役割を果たしたことを明らかにしてきた点で共通している[10]。重要な指摘である。確かに、日系国策大企業

の設立や重化学工業を取り上げれば、日本の投資が新中国の経済発展に大きな役割を果したであろうこと、発展を促進する初期条件を生み出したことは疑いない。しかし、植民地支配の評価は日系資本の進出、あるいは投資が中国の経済構造と経済発展にどのような影響を与えたのかをトータルにみる必要があるように思われる。換言すれば、こうした大企業の活動とその物的資本の遺産に着目して評価するのは、経済発展は移植された資本主義企業によって担われるということが前提されており、在来産業と結びついた中国経済の自立的発展、その担い手としての中国人商工業者の過小評価に繋がっていくのではなかろうか。

　近代中国では貨殖主義的な性格のために蓄積された富が生産的に投資されることは少なかった[11]。満洲国では、日本と比べると在来的な民族産業が経済発展を担う主力的な経済主体とはならなかった。しかし、少なくとも1920、30年代には上海の資本主義的企業に加えて、広範な地域にみられた問屋制家内工業や工場制手工業、さらに一部には近代的な小工場が発展した。そうした発展はヒト、モノ、カネの流通側面において、中国東北地域経済と上海などとの間での商習慣や流通機構による結びつきをより強固なものにしつつあった[12]。満洲国の設立はこうした中国経済の統一的発展を大きく制約するものであった。こうした分断に加えて満洲国政府によって実施された経済統制が東北の中小商工業に大きな打撃を与えたのである。

　あえていえば、日本による東北への重工業投資は確かに、新中国の経済的発展の初期条件を生み出したかもしれないが、もし東北侵略がなく、したがって関税改正や経済統制がなく、東北地域が中華民国の保護関税のもとにあったならば――歴史に「もし」は許されないが――、こうした在来的な産業の蓄積をもとにした自生的経済発展のコースもありえたのではないだろうか。筆者は工業化の初期条件として、日本の投資とともに、こうした在来的な産業の発展を考慮しなければならないと思っている。

　新中国創成期においても、東北地域の圧倒的な地位を押し上げた担い手はなにかと考えると、もちろん残存した日系大工場の設備と技術の遺産は重要であったが、それだけではない。日本支配による圧迫を受けながらも、満洲国

期の複数産業領域にわたる中国人中小工場を含めた重層的な産業集積の萌芽が第二次大戦後になって編成替えされ、東北の地位を押し上げる顕著な要因にもなった。この点について、これまでは必ずしも重要視されてこなかったが、東北近代工業化の解明に欠かせない大切な視点である。

　従来の研究史において、中国人資本の動態を対象に含めた研究成果はわずかではあるが、全くないわけではない。あえて挙げれば、軍閥と結びついた小林英夫の金融機関の研究 [13] や風間秀人の大豆流通にかかわった糧桟の研究 [14]、中国人商工業者の成長を背景とした 1920 年代に起きた中日商工業者間の矛盾の拡大に着目する久保亨の研究 [15] 等である。その中で、農産物流通を担う糧桟を事例とした風間の研究は、満洲民族資本について初めての本格的な成果と称された。糧桟は確かに民族資本の代表的な経済主体に違いない。しかし、都市を拠点とする商工業経済の担い手となる中国人商工業者についてみれば、日本の東北支配の開始に伴ってどのような影響を受け、また逆に東北経済にどのような影響を与えたのかについてはほとんど明らかにされていないのである。都市で活動した膨大な中国人商工業者に代表される、個性的な経営主体に対する考察は近代における日本帝国の満洲支配下にある中国人商工業者の全体像の究明には不可欠である。しかも、新中国の創成期において、中国全体の経済を大きく支えていたのは、瀋陽市（奉天市）、大連市、鞍山市などの拠点都市で行われた工業生産であったため、都市を舞台とした商工業（者）の検証は、第二次大戦後の東北経済の起点（前提条件）を理解するうえにおいても重要であろう。

　本書は、以上の先行研究と問題意識を踏まえて、1920–1945 年の東北地域において有数の生産高と最大の雇用を誇った綿業、とくに綿織物業とその担い手の状況を、奉天市を中心に検討し、中国人商工業はどのような経営形態にあり、どのような生産・流通組織を持っていたのかを明らかにすると同時に、彼らが満洲国支配下で成長しえたのか否か、別の言葉でいえば、満洲国設立は同地域の中国人商工業に何をもたらしたのかを明らかにしたいと考える。すなわち、一つには、東北における近代化を主として日系資本によってなされた移植産業ではなく、中国人商工業の発展（その生産・流通組織の変容も含めて）に注意をはらって考察したいという点にある。それも中国人商工業一般ではな

く、先進資本主義国で近代化（＝産業革命）を主導した綿業の一部門である綿織物業の発展を中心に検討していくということである。今ひとつには、中国人商工業側から日本の植民地支配の意義を改めて問いただしたいという点にある。

奉天市の綿織物業を分析対象とするのは、奉天市は在来産業、とりわけ綿織物業が発展した地域であるとともに植民地工業化がもっとも進んだ地域の一つであり、植民地工業化によって地域社会がどのように編成替えされるのか、本書の課題でいえば、中国人商工業がどのような影響を受けたかをみるのに格好の地域であるからである。

なお、満洲国期において、奉天市は行政的に奉天省に属していた。本書では、両者の混用を避けるため、奉天市の場合は奉天とするが、奉天省の場合は奉天省とする。

2. 東北綿業に関する先行研究

東北綿業に関するこれまでの研究を、（1）東北綿業に関する研究、（2）関税政策と綿業に関する研究、（3）満洲経済統制政策と綿業に関する研究、（4）中国人綿糸布商の性格についての研究、さらに関連するものとして（5）近代中国綿業の発展に関する研究に分けて整理し、その問題点を探っておこう。

（1） 東北綿業に関する研究

近代中国の綿業に関する研究では天津、上海、青島などの事例が多く提示されたが[16]、東北地域については、中国人工場はもちろん、満洲の日系綿紡織工場の考察もかなり遅れており、これに主眼をおいた研究はほとんどない。ただ東北地域の綿業に多少なりとも言及している代表的な研究として、以下のようなものがあげられる。

第二次大戦前の研究では、満鉄経済調査会『満洲経済年報』がある。前述のように、同書は満洲の綿織物業を「一応の技術上の発展段階と編成上の諸形態とを以つて、専ら、日本綿業資本への隷属的基調の下に、編成替＝展開をなせ

るものである」と位置づけ、資本主義商品の流入によって、資本主義的発展が
その端緒から阻害された[17]ものだと評価している。1920 年代後半については、
東北地域の綿布供給は輸移入品に依存していた[18]と主張し、その論拠として
後掲表 2-1 をあげている。しかし第 2 章で検証するようにこの統計の数値は
きわめて疑わしい。

　最近のものでは、次のような研究がある。塚瀬進は、日露戦後から満州事変
前までの、東北地域の綿製品需給構造や綿紡績業の発展が、日本綿製品の販売
にどのように影響を与えたのかを明らかにするために、東北地域の経済構造と
のかかわりから、南満洲市場における日本製品の位置について分析した。塚瀬
は、一方では、輸移入日本綿布の圧迫下でも東北南部各地の「在来綿業」は
独自の発展を示していたことを指摘するとともに、他方では綿布を含む綿製
品は輸移入に依存する面が大きかったと主張している[19]。また、塚瀬が「移
輸入に依存する面が大きかった」と主張する際に用いた論拠も前述の『満洲経
済年報』で引用されている表と同じものである[20]。

　また、上田貴子は、1920 年代後半の奉天について、不況下でも綿紡績業の
近代的工業化が展開していたことを指摘し、「最大資本である奉天紡紗廠の存
在は、零細機房の消長と市場淘汰を規定していた」[21]と述べている（奉天紡紗
廠は中国人資本である…引用者）。しかしそこでは、機房（ジーファン、綿織
物業者）と奉天紡紗廠の競合面のみが強調されて、相互依存の側面が捨象され
てしまっている点が問題である。奉天紡紗廠にとってその製品の最大の需要者
は機房であり、奉天紡紗廠による安価な綿糸供給によって零細機房が輸移入綿
布と対抗しえた点を無視してはならないであろう。

　溝口敏行・梅村又次[22]、松本俊郎[23]と金子文夫[24]の関連する研究について
も触れておきたい。東北地域の綿織物業に対する上記研究の共通認識は、その
発展が微弱であると同時に工業内部での地位は低いという点にある。この点に
関し、三者の使用している資料は『関東局統計三十年誌』[25]であり、その統計
範囲は関東州および満鉄附属地に限られている。三者とも調査範囲の限界につ
いて触れているが、読者は関東州および満鉄附属地の工業構成におけるその特
徴を東北地域全体のそれとして誤解しないように注意を払う必要がある。紡織

についていえば、紡織工場の生産額を「満鉄附属地」と「その他の地域」別で
みると、中国人が集中している「その他の地域」が過半を占めているにもかか
わらず[26]、関東州と満鉄附属地の統計はそれらの生産額がまったく考慮され
ない こと に な る。 こ う し た 点 を 無視すると、当時の東北地域の工業構造に対す
る認識は歪む可能性がある。

　このように、東北地域の中国人綿織物業は輸移入綿布に圧倒されて発展する
ことができなかったというのが通説的認識であり、こうした認識のゆえに在来
の綿織物業は研究対象とされてこなかったのである。しかし、本当に、東北地
域の綿織物はそのほとんどを輸移入に仰いでいたのであろうか。ここで注目さ
れるのが、孔経緯と久保亨の研究である。両氏は1920年代の東北地域におい
て綿布生産が発展していた事実を指摘している。

　孔経緯の研究[27]は、1919-1931年までの間に、東北地域工業各部門で官営
（張氏軍閥の）資本や民族資本が大きく発展したことを強調している。一方、
久保亨の研究[28]は、1920年代末、東北域内における綿紡績業の発展および東
北綿織物製品の競争力の強化を指摘した。しかし、本書の問題関心に即してい
えば、東北における綿布生産と輸移入綿布の関係や東北地域綿織物業の特徴が
両研究では明らかにされているわけではない。

（2）　関税政策と綿業に関する研究

　満洲国の関税政策と綿業に関する研究は森久正信と松野周治の研究をあげ
ることができる。森久正信「関税改正に現れた満洲国の貿易政策」[29]は満洲国
の関税改正、とりわけ第一次、第二次関税改正についてその改正方針と内容を
分析したものであり、説得的な論文である。同論文によれば、第二次関税改正
の目的は「財政関税としての本質に反しない程度に於て、又、国内産業保護
政策の許す範囲に於て、日本軽雑工業のために満洲市場を開放すること」[30]で
あったとされている。筆者もこの評価はほぼ妥当であると考えるが、森久は綿
織物関係品目の改正については、その重点が「土着の先資本主義的段階にある
綿製品工業の保護にあつたことは疑問の余地を残さない」[31]と述べ、満洲国内
綿業の保護策であることを強調している。こうした評価は本書でみるように、

満洲国経済統制の立案資料からみるかぎり、正確ではなく一面的である。筆者は、第二次関税改正は必ずしも満洲国内綿業の保護策ではなく、綿業の急激な衰退回避を考慮しつつも、中長期的にはむしろその発展の抑制を意図した政策であったと考える。

松野周治「関税および関税制度から見た『満洲国』— 関税改正の経過と論点 —」[32] は満洲国の関税制度の立案過程を全面的に分析したものである。同論文は満洲国の関税改正全般を扱っただけでなく、関税協定についても分析しており、満洲国成立期の関税政策を捉えた基本的文献といってよい。筆者も学ぶべき点が多かったが、第二次関税改正の焦点が綿織物業にあったにもかかわらず、それについてはあまり触れていないし、関税改正によって満洲国の綿業がどのような影響を受けたのかについても述べられていない。また第二次関税改正の評価については、財政関税と捕らえているものの、日本の市場開放政策であったのか保護政策であったのかについて明確な評価を下していない点で不十分さを免れ得ないように思える[33]。

本書第３章では、こうした先行研究を踏まえて、東北地域の綿業、とりわけ綿織物業の視点から満洲国の関税政策を検討したいと考える。第２章で明らかなように、1920年代張作霖政権ならびに国民党政権下で東北綿業は一定の発展を遂げてきた。その発展の一つの条件はこれら政府による産業・関税政策などの保護政策であった。両政権に代わる満洲国政府は綿業に対してどのような政策をとり、それが綿業の発展にどのような影響を与えたのであろうか。この点が筆者の主たる関心事である。

（3）満洲国経済統制政策と綿業に関する研究

本書第７章は満洲国の綿業統制およびそれによる中国人商工業者への影響を検討する。その理由は、戦時期における満洲国の綿業発展が綿業統制の影響を強く受けたこと、また統制政策の満洲国への影響を検討する際に現地経済の担い手としての中国人商工業者の考察は不可欠であるからである。

満洲国の経済統制に関する先行研究は多数の蓄積があり、政策史と政策による現地経済への影響という二つの視点からのものに大きく分類できる。政策史

の研究は 1970 年代に原朗[34]によって先鞭がつけられ、本格的な分析が始動した。政策の立案・実施過程をクロノジカルに分析した原朗によれば、満洲国の戦時統制経済は、当初の適地適応主義から 1937 年の「満洲産業開発五ヵ年計画」の施行に伴って、有事の際に必要となる資源の現地開発に重占が置かれるようになった。さらに 1940 年から、日本本国に可能な限り大量の基礎資材を供給するという徹底的重点主義が採用され、日本の戦時軍需生産に寄与する形で、あらゆる資材が重化学工業へと傾斜していった。部門別でみれば、鉄鋼、石炭、非鉄金属、電力、主要農産物を重要部門とし、その他の部門は増産計画の中止、縮小、繰り延べなどの措置が取られるようになったという[35]。

　一方、統制政策による現地経済への影響に関する研究は 2000 年前後から盛んになり、松本俊郎の鉄鋼業の研究や山本有造の生産力・対外関係の研究が代表的な成果であり、とくに松本の研究は上記の「重要部門」の事例を提示した[36]。しかし残念ながら、「その他の部門」に関して、上述したように中止、縮小、繰り延べなどの措置が取られたという一般的なイメージはあるものの、その実態について必ずしも実証的に研究が展開されてきたとはいえない。

　綿業でいえば、1934 年 3 月に日本政府によって閣議決定された日満経済統制要綱が満洲国成立後初の制度であり、その方針は日満経済の一体化を目標とし、適地適応主義によって経済開発を行うというものであった。当時日本と競合する関係にあった満洲国の綿業は、日満経済の一体化を実現するために「抑制するべき産業」として位置づけられた。関税政策をはじめとする綿業政策もこのような方針から実施され、満洲国の綿業は次第に困難な地位に置かれるようになり、日本の綿製品への依存は一層強くなった 。

　1937 年に入ると、対ソ戦争に備えるため、資源の現地開発（現地調弁主義）に重点が置かれ、綿業統制は満洲産業開発五ヵ年計画の一環として強化されていく。綿業統制政策は生産統制と貿易統制が二本柱であり、前者は生産設備増設を特徴とした「紡績工業五ヵ年計画」（1937 年 1 月）が、後者は第三国からの輸入を制限することによって国際収支の均衡を図ることを目的とした貿易統制法（1937 年 12 月）がそれぞれ実施された。

　統制政策の下で、綿業は生産設備の拡大と日本国内遊休工場の満洲移駐な

どの積極的発展が図られることとなったが、第7章で叙述するように、原棉不足によって紡績業はもちろん、織物業など種々の綿製品工場は逼迫した状況に陥った。こうして、満洲国では原棉増産策が展開される一方、満洲綿業聯合会を統制の要とする綿業統制システムが構築され、原棉綿製品統制法の公布をもって綿業統制が全面的に実施されることとなった。このように、戦時期の貿易情勢と経済統制の双方の影響を受けて、満洲国の綿業は大きな変容を遂げることになった。

満洲国国民の衣料品の約9割が綿製品であったといわれるように、綿製品の統制は現地住民の生活に大きな意味をもっていた。戦時統制期直前の1930年代半ば頃の満洲国の綿糸布生産は、主に織布兼営紡績工場と中小綿織物工場によって行われていた。中小綿織物工場は中国人が担い手となり、小規模でありながらも工場数も職工数も多いため、織布生産に重要な役割を果たしていた。また、綿製品の流通において、中国人商人は広大な営業範囲と強固な流通網をもち、旺盛な営業活動を展開していた。奉天の事例では、「糸房」（スーファン）に代表される中国人綿糸布商は奉天市内のみならず、他都市にも店舗を展開し、営業範囲は奉天省、吉林省、竜江省、濱江省まで達していた[37]。しかし、戦時統制期に入って、これらの中国人商工業者がどのように変容したかについての研究は未着手のままである。

戦時統制期の綿業に関する先行研究がほぼ存在しない中で、同時期の藤原泰『満洲国統制経済論』[38] が注目される。同書では大手企業のみの組織化や独占的機構への依存は満洲国の経済統制の失敗であると指摘し、既存の流通網の利用重視を提唱した。綿業統制そのものに関する研究ではないものの、重要な示唆を与えている。

本書第7章は統制政策の展開と関連して藤原が実証分析をしなかった統制下における中国人綿業資本の動向の分析を試みる。

（4）中国人綿糸布商の性格に関する研究

東北地域の中国人商人については近年いくつかの論稿が公にされているが、東北最大の輸移入品であった綿糸布流通の担い手についてはほとんど明らかに

されてこなかった[39]。これまでのところ、その担い手たる「糸房」の役割について明確に論じたのは、世界恐慌期の満洲工業を分析した前掲『満洲経済年報』（1935年版）である。同書では、①糸房は買弁的役割を担っており、②零細「機房」（ジーファン・綿織物業者）を隷属させ、機房に吸着する存在であったと評価されている[40]。

①の買弁商人論については近年中国近代商人の性格や役割を巡って多くの研究が蓄積され、その評価はなお確定していない[41]。少なくとも糸房についていえば、1930年代には日本の綿布輸出商と競合しつつ日本から綿布直輸入を行っており、単に日本商社に隷属する存在ではなかったことに注目すべきであろう。②についていえば、糸房が機房を隷属させ、製織利益の多くを吸い上げていたことは事実であるが、機房が隷属し、吸着されるだけの存在であるならば、なぜ奉天の機房が大戦期の足踏機の段階から1933年に電動力織機3,904台を有するまでに成長できたのであろうか[42]。筆者は綿糸を安定的に供給し、綿布を満洲一円に売りさばいていった糸房のポジティブな側面をも評価すべきであると考える。

なお、近年の近代中国人商人研究では買弁論にとどまらず、商人の組織である商会の研究[43]も深められている。とくに大きな成果を挙げてきたのはアジア貿易秩序あるいはアジアネットワークという視点から中国人商人を捉えようとする研究である[44]。

本書の対象とする奉天の糸房との関連でこれらの研究をみておくと、注目されるのはリンダ・グローブと籠谷直人の研究である[45]。リンダ・グローブは高陽（現・中国河北省保定市高陽県）の綿糸布卸商が通商ネットワークを形成していく過程を明らかにし、筆者も多くの示唆を得た。ただ、同論文はネットワーク形成に焦点が絞られているために、織布業者と綿糸布商がどのように関わったのかについては明らかにしていない。本書第5章は奉天の綿糸布商の綿布流通における活動をとりあげることによって、東北内陸部綿糸布商の通商網形成の事例を不十分であるけれども提供するとともに、織布業との関連に注意を払ってゆかなければならないことを指摘した。籠谷直人はアジア通商網への対抗と依存という側面から近代アジア関係を明らかにし、1930年代の綿布輸

出が神戸・大阪の華僑や外国人商人に依存して展開されたことに注目した。本書では、こうした外国人商人の一部が中国東北部出身者であり、日本から東北地域に向けての綿布貿易における彼らの位置の獲得は、日本人貿易商に対抗する意味をもっていたことを明らかにする。

（5） 近代中国綿業の発展に関する研究

　近代中国の綿業については、守屋典郎『紡績生産費分析』と中国の厳中平『中国綿紡織史稿』の古典的研究を別にすれば、日本綿業の経営史的分析の一環として高村直助、西川博史、桑原哲也の在華紡を対象とする研究や、中国綿業分析における森時彦、久保亨などの中国綿業経営に重点を置く研究がある[46]。とくに1990年代以降、中国民族紡の研究が理論的にも実証的にも大きく進展してきている。最近では、戦間期における在華紡に対する中国民族紡の「衰退・没落の論理」に代わって、中国綿業の新たな「発展の論理」が提示されるようになった[47]。以下、近代中国綿業の発展段階を提示した森時彦や中国綿業や在華紡経営を総括的に検討した久保亨と高村直助の研究[48]と照らし合わせながら、本書の問題意識と研究意義を記す。

　中国近代綿業の発展過程についていえば、本書の対象とする1920年代以降について森時彦は次のように述べている。すなわち、1920年代を通じて、中国では在来織布業と近代織布業のほぼ拮抗する二大市場が重層的に形成され、機械製綿糸消費高はほぼ倍増する。1930年代になると、農業恐慌によって土布需要は激減し、農村の在来織布業が衰退し、内陸に立地し太糸生産を中心としていた民族紡は大打撃を受ける。一方、満州事変を契機とする日本製品ボイコットや南京国民政府の関税自主権回復に伴う関税率大幅引上げによって輸入綿布は急減した。輸入外国綿布の圧力がほぼ皆無となった中国市場では、その空白を埋めるように近代セクターの織布業、いわゆる兼営織布部門をもつ紡績工場が急成長した。

　一方、近代中国綿業の地帯区分を明示的に行なったのは久保亨である[49]。久保は近代中国綿業を上海、江蘇浙江、華北沿海都市、華北内陸、華中開港都市、華中内陸の6地帯に区分した。そこでは、上海と華北・華中内陸部が対照

的タイプであり、ほかは混在型・中間型とした。上海の紡織工場は、原棉調達にあたってアメリカ棉への依存が高く、販売にあたっては都市および農村両者を市場として確保していた。これに対し、内陸部の工場はもっぱら周辺の原棉産地から原料棉花を購入し、紡出した太番手棉糸を周辺の農村市場に販売していた。

　しかし、東北地域の綿業は次のような特色をもっていた。第一に、資本主体からみると、華北・華中の紡績業が在華紡と民族紡双方が存在したのに対し、東北地域の民族紡績工場（奉天紡紗廠）は1938年に日系資本に買収されて消滅した。第二に、原棉調達でいえば、奉天紡紗廠は一部満洲棉を使用したものの1930年代前半までには大部分インド棉を使用して太番手綿糸を紡出していた。第三に、綿糸市場については、東北の綿糸製品は輸入綿糸による圧迫を受けながら、もっぱら東北地域を市場とし、都市中国人中小綿織物工場と広大な農村織物業に依存していた。このように東北地域の綿業は中国本土と異なる点が多く、久保の6地帯区分での位置づけは困難である。また瀬戸林政孝と森時彦[50]は中国本土において綿布の地域的多様性およびその原料たる綿糸の生産構造を少しずつ浮き彫りにしてきたが、東北地域の実態については明らかにしていない。

　さらに日中戦争や太平洋戦争勃発後の東北綿業を高村の研究で対象とされた華北と華中地域と比べると、東北綿業は戦時期特有の共通性を有するものの独自性がより顕著である[51]。たとえば、第一に、日中戦争期は中国本土と同様に東北地域でも日本紡績資本による中国綿業の完全な掌握が実現した時期であった。しかし、本土の在華紡が日中戦争による戦禍を被ったのに対し、東北地域はまったくといっていいほど被害を受けず、むしろ自給自足を図ろうとする満洲国政府の増産政策によって大々的に展開した。第二に、太平洋戦争後、中国本土の紡績会社は、棉花不足による生産量の減少、綿糸布価格が統制されていなかったことによって享受した大幅な利益を経験したが、その後、戦局の深刻化に伴う軍管理工場の問題や過剰設備の供出・スクラップ化などの状況に陥ったとされた。一方、東北綿業は統制が強化されていく面においては中国本土と共通するが、原棉および綿製品の価格をすべて公定価格で販売しなければ

ならないことや、原棉不足の問題を抱えながらも満洲国が消滅する直前まで設備の増加がみられた。

満洲企業史の先行研究についても簡潔に触れておく。代表的な研究である鈴木邦夫編『満州企業史研究』[52]は近代東北地域の紡織工業の企業経営分析を行った初めての試みである。だが、用いられた資料には大部分の中国人資本が含まれていないという限界があり、綿業の生産流通に関わった中国人資本の存在への過小評価が懸念される（詳細は第1章を参照されたい）。

3. 本書の構成と留意点

以上のような研究史の整理から、本書の構成は次のようになっている。

第1章では、奉天の地域区分と人口分布についてマクロ的に把握したうえ、満洲国最大の商工業都市である奉天の工業構造と商品流通にみられる特徴を検証する。

第2章では、1920年代の中国人綿織物業について検討する。東北地域では、通説で指摘されるように、綿布をもっぱら輸入に依存していたわけでなく、輸入綿布に圧迫されながらも綿織物業は一定の発展を遂げつつあったことを明らかにする。

第3章では、1920年代から30年代初頭、軍閥政権の下で東北綿業は一定の発展を遂げた。その発展の重要な条件は軍閥政権による保護的な産業・関税政策であった。同政権に代わる満洲国政府は綿業に対してどのような関税政策をとり、それが綿業の発展にどのような影響を与えたのかを考察する。

第4章では、1930年代の前半において、満州事変、満洲国の成立などの政治的激動、世界恐慌による満洲経済への打撃、満洲国の関税政策、自然災害など、さまざまな外的要因が混じり合う中で、奉天の中国人中小綿織物業者がどのような展開を遂げたのかをみていく。

第5章では、奉天における綿糸布商人とその活動を検討する。奉天は東北における綿織物取引の中心地であり、その流通を担ったのは糸房と呼ばれる中国人綿糸布商であった。本章では糸房は綿織物生産を担う機房と、輸入綿布の流

通を担う日本人商人と、それぞれどのような関係を持ち、どのように活動していたのかを実証的に検証する。

第6章では、満洲国の綿紡織工場（織布兼営の大規模紡績工場）を検討対象とする。まず、綿紡織工場各社の動向を概観し、東北地域の綿紡織工業の生産能力と生産量の全体的な趨勢を把握する。さらに、代表的な中国人資本であり、1938年に日系資本によって買収された奉天紡紗廠の経営状況を財務諸表と株主の分析を通して考察する。

第7章では、戦時期の綿業統制と中国人綿織物業、中国人綿糸布商の動向を考察する。当該期の織物業は何よりも政府の統制政策に規定される。本章は、綿業統制の歴史的要因、統制の仕組み、および統制政策の進展とともに綿製品の生産と流通のあり方の変化をみていく。

終章では、本書の展開に沿って明らかにしえたことを先行研究との関連を意識しながら総括するとともに、残された課題を整理する。

注
1) 満州史研究会編『日本帝国主義下の満州』御茶の水書房、1972年。浅田喬二・小林英夫編『日本帝国主義の満州支配』時潮社、1986年。
2) 柳沢遊『日本人の植民地経験』青木書店、1999年。
3) 中兼和津次『中国経済発展論』有斐閣、1999年、24頁によれば、最も代表的な現代中国経済史のテキストである柳随年・呉群敢主編『中国社会主義経済簡史（1949-1983）』（黒竜江人民出版社、1985年）は、「中華人民共和国成立以前の旧中国の経済は『奇形的な半封建半植民地経済』である」と述べている。
4) 満鉄経済調査会『満洲経済年報』改造社、1935年版。
5) 同上、359頁。
6) 同上、410頁。これらの表現から明らかなように、『満洲経済年報』の著者たちは、山田盛太郎『日本資本主義分析』（岩波書店、1934年）の影響を大きく受けている。
7) 孔経緯『東北経済史』四川人民出版社、1986年。同『新編中国東北地区経済史』吉林教育出版社、1994年。中国社会科学院中央档案館『1949-1952中華人民共和国経済档案資料選編』（基本建設投資和建築業巻）中国城市経済社会出版社、1989年。解学詩『偽満洲国史新編』人民出版社、2008年。鄭敏「試論東北淪陥時期日本資本在東北的拡張」『社会科学戦線』2000年第6期、183-190頁。衣保中・林莎「論近代東北地区的工業化進程」『東北亜論伝』2001年第4期、54-56頁。

8) 前掲、孔経緯『新編中国東北地区経済史』、508-514 頁。前掲、解学詩『偽満洲国史新編』、336-342 頁。

9) 山本有造『「満洲国」経済史研究』名古屋大学出版会、2003 年。松本俊郎『侵略と開発』御茶の水書房、1988 年。同『「満洲国」から新中国へ』名古屋大学出版会、2000 年。峰毅『中国に継承された「満洲国」の産業』御茶の水書房、2009 年。飯塚靖「満鉄撫順オイルシェール事業の企業化とその展開」アジア経済研究所『アジア経済』第 44 巻 8 号、2003 年 8 月、2-32 頁。

10) なお、韓国を対象とした研究であるが、中村哲編『朝鮮近代の歴史像』（日本評論社、1988 年）、カーター・J・エッカート著、小谷まさ代訳『日本帝国の申し子』（草思社、2004 年）なども、こうした視点からの研究として位置づけることができよう。例えばエッカートは「工業化が未完に終わったという事実、そして植民地支配という拭いきれない歴史的汚点のために、植民地時代の工業化の意義は多くの学者によって過小評価されている。しかし、この時期の工業化が今日の韓国経済の形成に果たした役割はきわめて重要である」（同書、326 頁）と述べて、日本帝国主義下の経済発展を評価している。

11) 前掲、中兼和津次『中国経済発展論』、30 頁。

12) 久保亨「日本の侵略前夜の東北経済 — 東北市場における中国品の動向を中心に」歴史科学協議会『歴史評論』第 377 号、1981 年 9 月、12-31 頁。

13) 小林英夫「満州金融構造の再編成過程」前掲『日本帝国主義下の満州』、117-211 頁。

14) 風間秀人『満州民族資本の研究 — 日本帝国主義と土着流通資本』緑蔭書房、1993 年。

15) 前掲、久保亨「日本の侵略前夜の東北経済 — 東北市場における中国品の動向を中心に」。

16) 近代中国の綿業に関する研究史の整理は本文下記項目（5）を参照されたい。

17) 前掲『満洲経済年報』1935 年版、361-376 頁。

18) 前掲『満洲経済年報』1934 年版、116-130 頁。

19) 塚瀬進「中国東北綿製品市場をめぐる日中関係」中央大学『人文研紀要』11 号、1990 年 8 月、145 頁。

20) 在華紡の研究として高く評価される高村直助『近代日本綿業と中国』（東京大学出版会、1982 年）も堀文平の満洲国成立頃の一視察談、「満蒙視察雑感」（『大日本紡績聯合会月報』第 476 号、1932 年）という記事に依拠しながら、1932 年頃の満洲の需要綿布約 700 万反、そのうち生産は 30 万反にすぎないとしている（同上、200 頁）。この数値も『満洲経済年報』（1934 年版）および前掲塚瀬論文とほぼ同様である。

21) 上田貴子「1920 年代後半期華人資本の倒産からみた奉天都市経済」日本現代中国学会『現代中国』第 75 号、2001 年、109 頁。

22) 溝口敏行・梅村又次編『旧日本植民地経済統計　推計と分析』東洋経済新報社、1988 年、119-128 頁。

23) 前掲、松本俊郎『侵略と開発』、30 頁。

24) 金子文夫『近代日本における対満州投資の研究』近藤出版社、1991 年、316 頁。

25) 関東局官房文書課『関東局統計三十年誌』1937 年。

26) 例えば奉天の場合、綿織物工場は「満鉄附属地」以外の場所に分布している。張暁紅「満州事変期における奉天工業構成とその担い手」九州大学『経済論究』第 120 号、2004 年 11 月。また、第 1 章の第 2 節を参照されたい。

27) 前掲、孔経緯『東北経済史』、250-277 頁。

28) 前掲、久保亨「日本の侵略前夜の東北経済 ― 東北市場における中国品の動向を中心に」。

29) 満鉄調査課『満鉄調査月報』第 19 巻 4 号、1939 年 4 月、34-65 頁。

30) 同上、52 頁。

31) 同上、49 頁。

32) 松野周治「関税および関税制度から見た『満洲国』」山本有造編『「満洲国」の研究』京都大学人文科学研究所、1993 年、329-375 頁。

33) 松野論文は、関税収入の維持を前提とした関税改正論議で主として議論されたのは二点、つまり一つは、関東州特殊関税制度による密輸の問題と特恵関税の問題であり、今ひとつは日本商工会議所等からの要望を背景とする関税率の引下げであった（前掲、山本有造『「満洲国」の研究』、363-365 頁）。結論として、前者については基本的には従来からの制度が温存され、関東州工業の発展の要因となったこと、税率引下げによる日本製品輸入措置がとられ、日本からの輸入が激増したことが指摘されている。こうした指摘は正鵠を射ていると考えるが、東北地域の産業の視点からすると、不十分な分析であると言わなければならない。

34) 原朗「1930 年代の満州経済統制政策」、前掲『日本帝国主義下の満州』、1-114 頁。

35) 同上、57-69 頁。

36) 前掲、松本俊郎『「満洲国」から新中国へ』。前掲、山本有造『「満洲国」経済史研究』。

37) 第 2 章と第 5 章を参照されたい。

38) 藤原泰『満洲国統制経済論』日本評論社、1942 年。

39) 東北地域の中国人商人を対象とした数少ない研究として下記のものを挙げることができる。大野太幹「満鉄附属地華商商務会の活動 ― 開原と長春を例として」アジア経済研究所『アジア経済』第 45 巻第 10 号、2004 年 10 月、53-70 頁。同「満鉄附属地華商と沿線都市中国商人 ― 開原・長春・奉天各地の状況について」アジア経済研究所『アジア経済』第 47 巻第 6 号、2006 年 6 月、23-54 頁。上田貴子「奉天・大阪・上海における山東幇」『孫文研究：会報』54 号、2014 年 6 月、17-36 頁。

40) 「これらの零細マニュ＝零細工場（機房…引用者）は、その零細性の当然の帰結として、多くは、問屋買占商業資本（それ自体も専ら日本紡績資本 ― 直接的には当該資本の触手たる所謂洋行筋 ― に対し、買弁的役割をもつ）の隷属下にある。即ち、零細機房は原料の供給並びに製品の販売を全く問屋に依存し、直接的な原料乃至製品市場から完全に遮断せられ、それ自体独立的なものではなく終局的に問屋資本に隷属せしめられている関係にある」（前

掲『満洲経済年報』1935 年版、369 頁）。

41) 近代中国の買弁商人については、中国側研究者で盛んに議論が行われ、(1) 民族資本圧迫、中国経済発展阻害説、(2) 民族ブルジョアジー、社会変革推進者説、(3) 反動性、進歩性を併せ持つ両面性説などが主張されている。代表的な研究は、黄逸峰『旧中国的買弁階級』（上海人民出版社、1982 年）、汪敬虞『唐延枢研究』（中国社会科学出版社、1983 年）、郝延平『十九世紀的中国買弁』（上海社会科学出版社、1988 年）、朱英「近代中国商人与社会変革」（『天津社会科学』2001 年第 5 期）などである。日本でも、石井摩耶子『近代中国とイギリス資本』（東京大学出版会、1998 年）、本野英一『伝統中国商業秩序の崩壊 — 不平等条約体制と「英語を話す中国人」』（名古屋大学出版会、2004 年）など画期的な業績が出ている。

42) 前掲『満洲経済年報』1935 年版、367 頁。

43) 商会の研究史については、馮筱才「中国商会史研究之回顧与反思」（『歴史研究』、2001 年第 5 期）、応莉雅「近十年来国内商会史研究的突破和反思」（厦門大学『中国社会経済史研究』2004 年第 3 期）に詳しい。商会研究は民族ブルジョアジー形成、政府との関係、商会の社会経済史上の役割の多様な視点から研究され、上海や天津、北京の商会のほか、最近では呉城商会、汕頭商会など中小都市の商会が地域経済との関連で分析され始めている。ただ、東北の商会を対象としたものはない。なお、東北の中国人商会組織「奉天総商会」については、松重充浩「国民革命期における東北在地有力者層のナショナリズム — 奉天総商会の動向を中心に」広島史学研究会（『史学研究』216 号、1997 年 7 月、40-51 頁）、上田貴子「東北における商会 — 奉天総商会を中心に」日本現代中国学会（『現代中国研究』23 号、2008 年 10 月、110-113 頁）等がある。

44) 浜下武志・川勝平太『アジア交易圏と日本工業化 1500-1900』リブロポート、1991 年。杉原薫『アジア間貿易の形成と構造』ミネルヴァ書房、1996 年。杉山伸也、リンダ・グローブ『近代アジアの流通ネットワーク』創文社、1999 年。古田和子『上海ネットワークと近代アジア』東京大学出版会、2000 年。籠谷直人『アジア国際通商秩序と近代日本』名古屋大学出版会、2000 年。なお、こうした視点からの研究の意義については、古田前掲書補論「『アジア交易圏』論とアジア研究」を参照されたい。

45) リンダ・グローブ「華北における対外貿易と国内市場ネットワークの形成」前掲『近代アジアの流通ネットワーク』、95-112 頁。前掲、籠谷直人『アジア国際通商秩序と近代日本』。

46) 守屋典郎『紡績生産費分析』増補改版、御茶の水書房、1973 年。厳中平『中国綿紡織史稿』科学出版社、1955 年。前掲、高村直助『近代日本綿業と中国』。西川博史『日本帝国主義と綿業』ミネルヴァ書房、1987 年。桑原哲也「日本における工場管理の近代化」『国民経済雑誌』第 172 巻 6 号、1995 年 12 月、33-62 頁。同「在華紡績業の盛衰」『国民経済雑誌』第 178 巻 4 号、1998 年 10 月、23-46 頁。阿部武司「在華紡の経営動向に関する基礎資料」『国民経済雑誌』第 182 巻 3 号、2000 年 9 月、37-56 頁。同「在華紡の組織能力」『龍谷大学経営学論集』第 44 巻 1 号、2004 年、45-65 頁。森時彦『中国近代綿業史の研究』京都大学出

版会、2001 年。久保亨『戦間期中国の綿業と企業経営』汲古書院、2005 年。

47) 1980 年代半ばまでの研究史については「中国産業史研究への模索 ―『中国綿業史セミ
ナー』の開催」(『近きに在りて』第 5 号、1984 年)、富澤芳亜「劉国鈞と常州大成紡織染股
份有限公司」(曽田三郎編『中国近代化過程の指導者たち』東方書店、1997 年) を挙げるこ
とができる。該当する部分の先行研究の整理や「発展の論理」などは前掲久保亨『戦間期中
国の綿業と企業経営』を参照されたい。

48) 前掲、森時彦『中国近代綿業史の研究』、久保亨『戦間期中国の綿業と企業経営』、高村
直助『近代日本綿業と中国』。

49) 前掲、久保亨『戦間期中国の綿業と企業経営』、107-111 頁。

50) 瀬戸林政孝「20 世紀初頭華北産棉地帯の再形成」『社会経済史学』第 74 巻 3 号、2008 年
9 月、239-260 頁。森時彦「紡績系在華紡進出の歴史的背景」京都大学人文科学研究所『東
方学報』第 85 巻、2010 年 3 月、595-616 頁。

51) 華北と華中地域の綿業の記述は前掲高村直助『近代日本綿業と中国』より引用。戦時期
の東北地域の綿業について、本書第 7 章で考察する。

52) 鈴木邦夫編『満州企業史研究』日本経済評論社、2007 年。

第 1 章

奉天の工業構造と商品流通

第1節　地域区分と人口分布

1.　地域区分

　奉天は元代以前からすでに小さな都市を形成していたといわれる。清代初期には都として繁栄し、以後、満洲国の建国まで中国東北地域の政治、経済、軍事の中心都市であった。満洲国の成立とともに政治の中心は新京（現・長春）に移ったものの、商工業の一大中核地としての役割を果たし続けてきた。

　満洲国時代の奉天市市歌は次のように歌われている。「都市中奉天形勢雄、瀋水南流、白山東崇、縦横街衢、高楼雲外聳、協和万邦文物盛、輪軌四達工商興、進展応無窮…」。この歌詞は政治的な意図は別にして、都市奉天の地理環境、市内の様子とともに鉄道が発達しており、商工業が興っているといった特徴がよく示されている。

　奉天は、南方は渾河に臨み地勢は平坦で、西方は一望千里の沃野であった。満洲国設立までは、その市域は城内と城外の二つの地域に大別され、さらに城外は満鉄附属地と商埠地に分けられる。

　城内地域は、清代初期の都時代の建築構造が基本的に継承されており、奉天東部（表表紙裏の奉天地図参照）に位置する方孔円銭の形をしている地域である。城内の中央に正方形のレンガ壁をもって囲まれた地域があり、その地域は宮殿や督軍公署等が位置する場所であった。城壁には小西、大西、小南、大

南、小東、大東、小北、大北の八門があり、外部との交通には関門が設けられている。「井」字型に交差する四つの大通りを商店街として、小西門より大東門に通じる大通りには鐘楼と鼓楼があった。両楼の間は四平街と呼ばれ、各種商店が軒を並べていた。城壁の外は古くから奉天市民の主な住宅地となり、とりわけ大西、小西地域は家内工業や手工業などが発展し、中国人商工業者の本拠地であった。

　商埠地は、東は城内と隣接し、西は満鉄附属地および同線路に接した地域である。清政府が各国商人の居住営業地域として指定した地域である。

　満鉄附属地は、満鉄線路を挟み商埠地の西側の地域を占めている。日露戦争後日本がロシアより東清鉄道南半分を譲り受けると共に継承したものである。その後、満鉄附属地の都市計画の進展とともに、鉄道線西側の工業地区（のちの鉄西区）や東側の商業地域、さらには日本人住宅街（のちの大和区）が形成され、発展した。

　以上のような市街分布から明らかなように、奉天城内、商埠地および満鉄附属地の３つの地域はそれぞれ異なる目的・計画をもって形成された地域である。とりわけ城内は在来的、満鉄附属地は植民地的な要素が強いことはいうまでもない。

　満洲国建国一年後、「満洲国経済建設綱要」（1933年３月）が施行され、そこでは奉天を含む満洲国の重要都市の今後の発展方向を位置づける「都市計画」が打ち出された。奉天は哈爾濱、吉林、斉斉哈爾と並んで「適当な時期に近代的都市計画の実現を期す」都市として、第一期都市計画実施都市に指定された。都市計画の遂行を受けて、1937年１月奉天市都邑計画区域が決定され、地籍整理の業務も開始された。同年３月に市街隣接の瀋陽県の14ヵ村を市域に編入し、同年12月に満鉄附属地行政権移譲が実現した。さらに1938年１月１日より奉天市区条例が施行され、市内に瀋陽区、大和区、鉄西区、皇姑区、北陵区、瀋海区、東陵区、大東区、渾河区、永信区、于洪区の11区が設定された。

　その後、奉天は人口の増加に伴い都市規模はさらに拡大し、1941年１月に行政区が編成替えされた。人口が集中していた瀋陽区と大和区はそれぞれ五つ

第1章 奉天の工業構造と商品流通 23

図1-1 奉天市行政区図

出典：満洲日日新聞社『大奉天新区画明細地図』(1939年2月版) より作成
注：図面上の区画表記は筆者によるもの

の区と三つの区に分割され、市内は①瀋陽区、②大西区、③小西区、④北関区、⑤東関区、⑥敷島区、⑦朝日区、⑧大和区、⑨鉄西区、⑩皇姑区、⑪北陵区、⑫瀋海区、⑬東陵区、⑭大東区、⑮渾河区、⑯永信区、⑰于洪区の17の行政区になった（図1-1参照）。

　筆者は満洲国期の奉天を①−⑤区を旧市街、⑥と⑦区を準新市街、⑧と⑨区を新市街、⑩−⑰区を周辺地域、という4つのエリアに分けて都市商工業を検討する。その理由については本章第2節で詳述するが、簡単に触れておくと、これまでの研究では、植民地都市としての奉天市に対しては、「既存の都市」にあたる旧市街と新たに開発・発展した「植民地都市」にあたる新市街の二重構造、という認識が一般的である。つまり単純にいうと、奉天は上記地域区分の①−⑤区にあたる旧市街（旧来の「中国的」）と⑧と⑨区にあたる新市街（外来の「日本的」）によって形成されているといわれ、旧商埠地の⑥と⑦区や周辺地域の⑩−⑰区の存在については、奉天都市経済における当該地域の役割が重要視されていなかったといえる。後述する人口分布や中国人工場分布の考察で明らかなように、まさにこれまで注目されてこなかった準新市街地域においては満洲国の新興産業として成長した機械器具工業の中国人工場が盛んに活動しており、旧市街と新市街、中国人資本と日本人資本をつなぐ重要な中間地域になっていた側面がつよかったのである。なお、それと対照的に在来的な要素が強い中国人綿織物業者は同地域への進出による営業エリアの拡大はなかった。

　2．人口の増加

　表1-1は1920年代末から1930年代にかけての奉天人口の変化を表している。これによれば、1928年奉天人口34万人、満州事変で一時減少するものの、満洲国の建国以降急速に増え、1939年には86万人に達していた。しかも、奉天人口は東北地域人口に占める比率は30年代後半に高まっており、奉天への人口の集中が確認できる。

　奉天市人口の急増をもたらした要因は労働需要の増加である。奉天は1930

表 1-1　奉天市人口累年表

年次	東北人口（万人）	奉天市人口		国籍別（人）			
		（万人）	比率	「満洲人」	「日本内地人」	「朝鮮人」	「外国人」
1928	2,803	34	1.2%	不明	不明	不明	不明
1931	2,996	30	1.0%	278,356	22,758	1,288	2,101
1933	3,229	48	1.5%	419,351	45,531	10,769	1,584
1935	3,420	53	1.5%	446,160	70,324	16,122	1,318
1937	3,695	71	1.9%	610,085	83,542	16,914	1,133
1939	3,945	86	2.2%	722,841	117,030	22,657	1,074

出典：奉天市公署『奉天市統計年報』1937 年、1940 年。国務院総務庁統計処『満洲帝国国勢グラフ』1937 年、1940 年により作成。
　注：(1)「東北人口」に関東州は含まれていない。
　　　(2)「比率」＝奉天市人口÷東北人口× 100%
　　　(3)「国籍別」の表現は資料のままである。

年代の工業の急速な発展によって労働需要が逼迫し、常に労働者不足の状況に置かれていた。奉天鉄西区（図 1-1 ⑨区）の報告によると、いずれの工場においても職工、主として熟練工が不足しており、職工引抜き争奪戦が展開されていたという。各工場は自己工場内の職工をできる限り外部に出さず、宿舎を工場内に設置するなどの対策をとるほどであった[1]。

　表 1-1 の「満洲人」にあたる中国人口の増加を支えたのは中国本土からのいわゆる「入満者」の流入であった。奉天市を含む奉天省の 1935 年の入満者は 14 万 6,000 人台で、36 年には 10 万 2,000 人台であったが、その大多数の移住先は奉天市であった[2]。これらの入満者は生産と消費の両面から奉天経済に対して大きな影響を与えた。1935 年 10 月 21 日の奉天商工会議所の調査によると、人口の大量移入にともない家屋の不足が生じたという。日満貸家業者は「小規模の株式会社を組織し、或は個人経営により実地を買収し満洲式家屋を建築しているが、本年既に城内、商埠地に百棟乃至四百棟の貸家を十三ヶ所建築したが、全部貸付済である」[3]、という状況であった。

　国籍別人口の変化をみると、人口増の中心は中国人（表中「満洲人」）で

あったが、日本人（表中「日本内地人」）の増加速度も速かった。表1-1のように、1930年代初頭に日本人2万2,758人（奉天人口の7.5%）に過ぎなかったが1939年には11万7,030人（13.6%）にも達した。柳沢遊の研究によれば、日本人口の急増は日本企業の増加と一攫千金を求める渡満者の増加に基づいていたという[4]。

　もちろん、日本人の増加は居住地の満鉄沿線地域に活気をもたらした。その活況ぶりは奉天満鉄附属地の夜店の店舗増大と膨張を示す事例を通してわかる。奉天の附属地の夜店は1925年頃から始まったが、当時は閑散としていた。満洲国建国後、附属地住民の増加とともに、春日町を中心とした地域で夜店は繁盛した。1934年7月は附属地に334の夜店があり、1935年5月に456店に増加した。さらに出店場所でみると、1934年7月は春日町166店、青葉町168店であったが、1935年5月は春日町252、青葉町165、加茂町39となり、発足当初の春日町から青葉町に広がり、さらに1935年に入って加茂町へと発展をみせたのである[5]。

　このように、奉天市経済の膨張は人口の増加を促し、また逆に人口の増加が重工業のみならず、消費財産業など奉天都市経済の発展を可能にしたのである。

3. 人口分布

　1940年代初頭の奉天市の人口分布についてみてみよう。表1-2は1942年現在奉天市区別面積と人口を表したものである。もう一度確認しておけば、①－⑤区は旧市街、⑥と⑦区は準新市街、⑧と⑨区は新市街、⑩－⑰区は周辺地域である。まず、敷地面積では、奉天市各区域の中で⑩－⑰の周辺地域は割合が大きく、全体の79%を占めていた。人口では、旧市街地域と周辺地域はそれぞれ3分の1、新市街と準新市街は合わせて3分の1を占める構図となっている。人口密度でみれば、旧市街は比較的人口密度が高く、一平方キロメートルあたり2万5,000人から4万4,000人前後であった。それに対して、新市街の⑧大和区は1万8,000人弱であり、1940年の大阪市の人口密度をやや上回る

表 1-2　奉天市区別面積と人口（1942 年現在）

市区別	面積		人口密度	総人口		「満洲人」(%)	「日本内地人」(%)	「朝鮮人」(%)	「外国人」(%)
	km^2	(%)		（人）	(%)				
①瀋陽区	3.938	1.5	32,268	127,073	8.1	99.2	0.6	0.2	0.0
②大西区	3.489	1.3	30,199	105,363	6.7	98.1	1.2	0.6	0.0
③小西区	2.792	1.1	44,032	122,937	7.8	94.9	2.6	2.4	0.0
④北関区	3.814	1.5	25,551	97,450	6.2	99.2	0.4	0.4	0.0
⑤東関区	2.797	1.1	32,017	89,551	5.7	99.1	0.6	0.2	0.0
⑥敷島区	2.164	0.8	43,598	94,345	6.0	77.9	7.1	14.8	0.2
⑦朝日区	8.092	3.1	10,886	88,089	5.6	75.5	22.6	1.8	0.1
⑧大和区	9.034	3.4	17,569	158,717	10.1	25.2	69.0	5.4	0.4
⑨鉄西区	17.985	6.9	10,598	190,607	12.1	79.0	16.6	4.4	0.0
⑩皇姑区	18.010	6.9	11,347	204,360	13.0	87.6	3.2	9.2	0.0
⑪北陵区	26.290	10.0	2,609	68,594	4.3	73.5	18.2	8.2	0.1
⑫瀋海区	23.305	8.9	1,823	42,479	2.7	94.4	2.9	2.7	0.0
⑬東陵区	32.245	12.3	312	10,047	0.6	98.4	1.3	0.1	0.0
⑭大東区	22.110	8.4	4,637	102,514	6.5	86.6	12.4	1.0	0.0
⑮渾河区	24.700	9.4	1,212	29,940	1.9	86.5	12.6	0.9	0.0
⑯永信区	28.440	10.9	1,198	34,078	2.2	97.1	0.5	2.4	0.0
⑰于洪区	32.795	12.5	336	11,032	0.7	87.6	2.4	10.0	0.0
合計	262.000	100.0	6,020	1,577,176	100.0	82.4	13.4	4.2	0.0

出典：奉天商工公会『奉天統計年報』1943 年、3 頁、7 頁より作成。

規模であった。

　さらに、奉天市における国籍別人口の分布比率についてみると、全人口に占める割合は、中国人82.4％、日本人13.4％、朝鮮人4.2％、その他外国人0.0％となっていた。①－⑤旧市街では中国人が居住し、⑥と⑦準新市街では中国人が77.9％と75.5％、新市街の⑧大和区では日本人が69.0％を占めているが、⑨鉄西区においては中国人が多く、79.0％を占めていた。朝鮮人は地域別に⑥敷島区と⑰于洪区においては当該地域人口の10％以上を占めており、それ以外では⑩皇姑区と⑪北陵区に多かったが10％未満の分布であった。

　新市街と準新市街に居住する中国人の職業について精察することはできないものの、男女別割合をみると、女性100人に対して男性は、奉天全体は

159.0 であったのに対し、⑧大和区は 332.4、⑨鉄西区は 201.6 で単身男性が多く、⑥敷島区と⑦朝日区はそれぞれ 149.3 と 169.7 であった。前者は出稼ぎの可能性が高く、後者は家族生活を営みながら居住するケースが多いと想定できよう[6]。新市街や準新市街における中国人の居住は、当該地域における中国人の活動に直接に関係していたと考える。

第2節　工業構造の変容と工場分布

1. 中核工業地の起点

　工業の発展は満洲国期の奉天経済発展の原動力であった。満洲国は建国後、経済建設に関する声明を発表し、大産業政策大綱に基づき、1933 年に奉天、安東、吉林、哈爾濱を四大工業地区に設定した。都市としては、新京を首都としてここを政治の中心とし、奉天と哈爾濱の 2 ヵ所に限定して、つまり南の奉天、北の哈爾濱という二大商工業都市として発展する方針を定めた。奉天市はすでに諸工業が起りつつある現状からみて、哈爾濱より一歩先に、1932 年 11 月に奉天都市計画準備委員会を組織していた。四大工業都市指定を受けてからはさらに基本的大綱を決定し、大奉天都市計画を策定した。

　同計画によれば、奉天市は旧市の 8 倍の規模をもち、今後 20 年以内に百万の人口を包容する都市となる。すなわち現在の旧市街（①－⑤区…筆者）、商埠地（⑥と⑦区…筆者）、満鉄附属地（⑨区…筆者）の計 28 平方キロメートルの既設市街を基礎として、新たに周囲 178 平方キロメートルの区域を編入して、合計 206 平方キロメートルの大都市に拡大する。市内地域の割合についても計画しており、その割当は、旧市街の 14 平方キロメートルを除いて、商業地区 12、工業地区 33、居住地区 82、特殊地区 65 平方キロメートルということになっている。都市計画は「近代文化都市」としての全般的発展を期するものであると同時に、なによりも工業都市としての使命を貫いた工業地区の設定に特別の注意を払っていた。工業用地の中核として造成されるのが鉄西区であっ

た[7]。

　鉄西区は、満鉄が 1918 年から将来の工業用地として、張氏軍閥政権の反対を押し切って入手したものである。ここに満州事変までに日系企業の満蒙毛織、東洋拓殖、奉天製麻、満洲窯業、満蒙商会などの各社の工場・事務所が設置された[8]。満洲国設立後、当該地区は中核工業地に指定されるとともに、満洲国政府と満鉄の共同出資によって設立された奉天工業土地股份有限公司（株式会社）（資本金当初 250 万円、後 550 万円）の経営下に置かれた。1937 年 10 月、同社は解散してその資産および営業権一切は奉天市公署に譲渡し、鉄西区は市営となった。当地区は満洲国政府と満鉄が一体となって大々的にバックアップしていた工場誘致地区であったため、その発展と繁栄は約束されたものだと考えられていた。奉天商工公会会長の石田武亥は、鉄西区は労力、敷地、動力、用水、交通、後背地の市場などにおいて何一つ欠けるところはなく、今後鉄西区はどこまで伸びるか、まったく予想できないと語り[9]、また奉天市副市長の土肥顕は鉄西区をもつ奉天市を「東洋のマンチェスター」に例えたほどであった[10]。

　鉄西区工場誘致状況をみると、1936 年時点では操業工場 36、生産額 1,200 万円であったが、1939 年 1 月になると、工場数は 191 工場で（うち操業中のもの 107、工事中 36、未着工 48）、操業工場の生産額は 8,372 万円となり、1936 年の 7 倍にも増加した[11]。

　鉄西区内の工場主または代表者をもって組織する奉天鉄西工業会は、1938 年 8 月現在、会員となった工場 62、そのうち公称資本金 100 万円以上の工場を挙げると表 1-3 のようになる。進出工業を業種別にみると、金属工業には鉄工、鋳鉄、鉄製品、銅製器具製造など、機械器具工業には汽機、汽缶、内燃機、電気機械、電機製造、自転車、オートバイ、航空部品、冷凍機、暖房、鉄道用部品、各種金属精密部品など、化学工業には塗料、顔料、油脂、医薬工業薬品、各種ゴム製品製造など、窯業にはセメント瓦およびセメント加工品製造、紡織工業にはメリヤス生地並びに加工製品、綿糸紡績、麻糸、麻織物など、食料品工業には製菓、ビール、酒造、小麦粉製造、味噌、醤油、魚類加工など、雑工業には木工業、巻煙草、皮革製造など、多様の種類にわたる。

30

表 1-3　奉天鉄西工業会員名簿（資本金 100 万円以上、1938 年 10 月現在）

No.	会社、工場名	資本金 （万円）	設立 年月	営業種目
1	満洲電業株式会社奉天支店	16,000	1934.11	電灯電力供給事業
2	満洲製瓦公司	10,000	1936.4	セメント瓦及セメント加工品製造販売
3	満日麻紡織株式会社奉天紡織工場	1,500	1934.6	麻糸、麻織物
4	満洲機器株式会社	1,000	1935.11	汽機、汽缶、内燃機、その他一般機械機器
5	明治製菓株式会社奉天工場	1,000	1934.1	製菓
6	日本ペイント株式会社満洲支店	600	1933.12	塗料、顔料、油脂
7	満洲電線株式会社	500	1937.3	各種電線電纜及附属品
8	恭泰莫大小紡績株式会社	500	1937.12	メリヤス生地並びに加工品、綿糸紡績
9	株式会社本嘉納商店奉天支店	500	1934.11	酒造
10	満洲通信機株式会社	300	1936.12	電話機、交換機、放送及無線通信装置、その他電気諸機械材料製造販売
11	秋田商会木材株式会社奉天支店	300	1920.4	一般木材製材販売
12	国産電機株式会社奉天工場	270	1935.12	電機製造
13	東洋製粉株式会社奉天工場	200	1937.1	小麦粉、麸製造
14	満洲麦酒株式会社	200	1934.9	ビール並びに飲用水製造販売
15	株式会社満洲宮田製作所	150	1936.4	自転車、オートバイ、航空機部品
16	大同生薬工業株式会社	150	1932.12	蓖麻子油及医薬工業薬品の製造販売、農場経営
17	株式会社伊賀原組	100	1938.3	鍛冶、鉄工、石綿セメント製品
18	日満鋼材工業株式会社	100	1934.4	鋼製器具、諸機械、鉄骨工事
19	川崎鉄網工場奉天出張所	100	1937.6	特許川崎式鉄線籠類及機械製鉄網製造販売
20	株式会社大信伸銅鋳鉄工場	100	1937.12	伸銅、鋳鉄
21	株式会社中山鋼業所	100	1934.5	亜鉛引鉄板鉄線、鉄丸釘、伸鉄、琺瑯鉄器製造
22	満洲金属工業株式会社	100	1937.5	陸海軍需品、冷凍機、暖房、鉄道用部品、金属精密部品、機械仕上作業
23	株式会社満洲富士電機工廠	100	1937.9	電気並通信機器類製造販売
24	国華護謨工業株式会社	100	1938.2	各種ゴム製品製造販売
25	日満漁業株式会社奉天支店	100	1937.6	漁業、鮮魚、冷凍魚、塩干魚、冷蔵庫保管
26	満洲造酒株式会社	100	1933.7	紹興酒及高粱酒醸造販売
27	満洲野田醤油株式会社	100	1936.8	味噌、亀甲龍醤油醸造販売
28	亜細亜麦酒株式会社	100	1936.7	ビール、清涼飲料水の製造販売
29	内外木材工芸株式会社奉天支店	100	1938.3	木工
30	無限製材株式会社奉天支店工場	100	1936.1	製材並加工木材、伐採素材及製品の売買
31	太陽煙草株式会社	100	1938.1	両切巻煙草
32	満洲皮革株式会社	100	1934.7	各種皮革製造販売

出典：奉天鉄西工業会『会員名簿』1938 年 10 月。

　注：資本金は公称である。上記名簿ほか、公称資本金 100 万円未満の会員は 30 社ある。

表 1-4　鉄西区・満鉄附属地における満洲国建国後新設工場

(1936 年末現在)

業種別	鉄西区			満鉄附属地		
	工場数	投資額 (千円)	生産額 (千円)	工場数	投資額 (千円)	生産額 (千円)
紡織工業	1	20	0	1	1,000	2,030
金属工業	7	6,331	4,000	12	5,162	11,000
機械器具工業	3	500	1,700	7	16,234	4,300
化学工業	4	850	660	4	15	55
窯業	2	200	194	5	260	183
食料品工業	11	6,737	2,760	18	4,481	4,555
雑工業	8	1,374	2,867	21	1,495	4,913
合計	36	16,012	12,181	68	28,647	27,036

出典：奉天商工会議所『奉天産業経済の現勢』1937 年、149-150 頁。

　同じ時期に、鉄西区に隣接する満鉄附属地でも工場建設ブームが起こった。しかも同地域の新設工場数、投資額および生産額は鉄西区以上であった。表1-4によると、満鉄附属地新設工場は工場数、投資額、生産額、いずれにおいても鉄西区を上回っており、その合計生産額は2倍以上にも達している。

　このように、国策レベルで始まった奉天工業地区建設による工業の発展は、重点的に建設された鉄西区にとどまらず、それに隣接した満鉄附属地（⑧大和区に該当する）でも確認できた。こうした新規投資は奉天の工業構造にどのように反映されたのか、奉天工業にとって1930年代はどのような時代であったのかを、次項でみていこう。

2. 工業構造の変容

　満鉄経済調査会および満洲国経済部工務司の統計によれば、奉天の工業生産額合計は1932-1940年の8年間に4万6,366円から52万4,393円へと11倍も増加した[12]。たとえインフレを考慮しても上記8年間で約5倍の成長をみせているのである。表1-5はデフレート後の1932年と1940年の奉天における

表 1-5　奉天における業種別工業生産額の変化（デフレート後）

業種別	1932 年		1936 年		1940 年		満洲国に占める比率	
	千円	比率	千円	比率	千円	比率	1932 年	1940 年
紡織工業	13,013	28%	25,964	39%	29,039	14%	41%	30%
金属工業	481	1%	10,032	15%	27,985	13%	4%	14%
機械器具工業	2,350	5%	3,799	6%	36,802	18%	12%	57%
化学工業	893	2%	4,786	7%	21,809	10%	2%	17%
窯業	1,087	2%	2,457	4%	7,970	4%	33%	17%
食料品工業	5,062	11%	4,429	7%	29,919	14%	9%	20%
雑工業	23,480	51%	15,766	23%	56,066	27%	54%	38%
合計	46,366	100%	67,234	100%	209,590	100%	21%	25%

出典：満鉄経済調査会『満洲産業統計』1932 年、産業部大臣官房資料科『満洲国工場統計』1936 年、経済部工務司『満洲国工場統計』1940 年、満洲中央銀行『満洲物価調』各年より作成。
　注：①工場とは設備を有し、また常時 5 人以上の職工を使用するもの。
　　　② 1936 年の調査例外工場は官営工場、軍に属する工場および鉄道関係工場、電気工場に属する工場、報告遅延 26 工場（哈爾濱市 3、熱河省 23）。1940 年の例外工場は官営工場、軍に属する工場、資源調査規定第五条により、国務総理大臣において指定する工場（満鉄奉天鉄道工場、満洲飛行機製造株式会社、株式会社奉天造兵所、同和自動車工業株式会社、満洲三菱機器株式会社、株式会社宮田製作所、国産電機株式会社の 7 社）、電気工業工場。
　　　③ 1932 年の物価でデフレートした（1932 年 = 100、1936 年 = 114.7、1940 年 = 250.2）

工業生産額を比較したものである。同表を通じて以下の 4 点を指摘しておきたい。

　第一に、奉天工業が満洲国に占める比率について。奉天は 1932 年には工業生産額で満洲国最大の比率を占めていた。その生産額は 1932 年から 1940 年までの間に急速に増加するとともに、満洲国に占める比率も 21％から 25％に上昇している。1932 年には紡織、機械器具、窯業、雑工業が満洲国で首位を占め、40 年になると、さらに食料品工業も最大の比率を占めるようになった[13]。

とりわけ、機械器具工業は 1932 年の 12%から 1940 年の 57%に増え、奉天への集中がみられた。

第二に、建国初年である 1932 年の奉天の工業構成をみると、雑工業が奉天合計工業生産額の半分以上を占め、次いで高いのは紡織工業と食料品工業である。機械器具工業や窯業、化学工業、金属工業は微々たる比率を占めるに過ぎない。さらに、雑工業のうち、煙草製造が圧倒的な比重を占めており、煙草製造だけで奉天合計工業生産額の 45%に達していた[14]。これは英美煙公司（英米トラスト）、中俄煙公司（中ロ合弁）、東亜煙草会社（日本）をはじめ、8 社の煙草製造工場が奉天に集中していたためであり、東北で製造される煙草の 7割以上を奉天で生産していたからである[15]。以上から明らかなように、1932年の奉天の工業は東北経済に大きな比重を占めていたものの、綿業を中心とした紡織ならびに食料品（精穀）などの消費財生産を特徴としており、重工業の発達には目立つものはなかった。とりわけ紡織工業は群を抜く労働者数を擁しており、その生産は数多く存在した中国人中小工場によって支えられていた[16]。しかし、こうした構成は 1940 年には大きく変化している。

第三に、機械器具工業の発展である。重化学工業のうち、機械器具工業の発展はとりわけ著しく、わずか 8 年間で生産額は約 16 倍も増え、工業生産額に占めるその割合は 1932 年の 5%から 1940 年の 18%に急増した。日産コンツェルンによって創設された満洲重工業開発（満業）系資本を主とする奉天造兵所、満洲飛行機、満洲自動車を主力産業とする資本、満鉄資本を主とする交通産業関係資本、住友財閥系資本による通信および精密工業関係資本、三菱、三井、満洲工廠などの特殊機械器具工業[17] は奉天への投資を拡大し、機械器具工業は奉天の中心的な産業に成長した。こうした奉天の機械器具工業は 1940 年前後になると満洲国の 57%を占めるようになり、奉天は満洲国最大の機械器具工業の集積地となった[18]。

また関東州を含む東北地域の機械器具工業の設立動向でみれば、1931 年末までに設立された 32 社中 22 社の本店所在地は大連であり、他は旅順、長春、安東、鞍山、撫順で、奉天には 1-3 社が置かれている程度であった。1932-1936 年の満州事変期に設立された 28 社のうち奉天に 13 社が設立されたのに

対し、大連8、新京5、撫順1、鞍山1であり、この時期に奉天への機械工業の集中が始まっている。さらに戦時期にはこの構図がますます濃厚になり、1937年以降設立の392社中、新京69社、大連43社、哈爾濱26社、鞍山14社に対し、奉天は179社であった[19]。東北地域の機械器具工業における中心的な地位は次第に大連から奉天に移っていることがうかがえよう。表1-5を満州事変期と日中戦争期で分けてみれば、重化学工業の飛躍的な発展は主に1937年以降に起きており、奉天の重化学工業化は日中戦争期に実現したことがわかる[20]。

　第四に、消費財産業の変化についてみよう。1932年の奉天工業構成において紡織工業や食料品工業が高い生産額を誇っていた。しかし1940年になると、重工業の発展が顕著に表れ、奉天は満洲国の機械器具工業の生産拠点へと変化していった。それでは、1930年代において、奉天の紡織や食料品を代表とする消費財生産は衰退したのであろうか。表からわかるように、紡織工業のように工業構成に占める割合が減少した傾向もみられたが、実際の生産額でみると、紡織工業と食料品工業はいずれも大幅に増大していたことが確認できる。消費財産業の生産額の増加は1930年代にみられる奉天および後背地の人口増によって牽引された側面が大きく、なにしろ、奉天の人口は1932年の40万弱から1940年の120万を超える規模となり、8年間で3倍も増加していたからである。

3. 国籍別工場生産と分布

（1）『満洲国工場名簿』による中国人工場の分析

　序章で述べたように、満洲国期の都市における中国人工場の数やそれらが果たした役割などについての本格的な研究は十分になされてきたとはいえず、その全体像の把握は不完全のままである。このような状況をもたらした要因の一つは、中国人工場は満洲国並びに日系工場管理機構外にあったため、その実態調査は1941年までに行われなかった[21]。これまで、満洲国経済分析において使用される諸統計では、中国人工場を集計した数には大きな相違がみられ、統

計範囲から外れた多くの中国人工場の存在が重要視されないまま今日に至っている。そこで、本項目では、工業生産における国籍別比較を行う前に、まず中国人工場に関する統計データの検討から始めたい。結論からいうと、当該時期の統計や名簿類に関していうと、経済部工務司編纂『満洲国工場統計』や『満洲国工場名簿』は統計範囲上、中国人工場を比較的広範囲に集計しており、中国人工場を対象とする研究に適合している。

表1-6は、満洲中央銀行『満洲国会社名簿』（1943年3月末現在）と『満洲国工場名簿』（1940年末現在）に収録されている、奉天の代表者国籍別工場数である。

Aの『会社名簿』では、国籍別合計会社数693社のうち、日本人工場631社、それに対して中国人工場はわずか62社である。さらに、資本金規模別にみると、中国人工場は資本金20万円以上の比較的規模の大きいものは8社で1.2%しか占めておらず、小規模零細企業が中心であった。

一方、Bの部分に集計した『工場名簿』に掲載された奉天の工場数をみると、国籍別合計1,933工場のうち、中国人1,406工場（72.7%）、日本人工場516工場（26.7%）となっており、『会社名簿』の国籍別割合と異なることが確認できる。B『工場名簿』とA『会社名簿』を比較すれば、日本人工場は、1940年のB『工場名簿』では516、1943年のA『会社名簿』では631であり、大きな変化はなかった[22]のに対し、中国人工場は前者では1,406、後者ではわずか62社であり、これは両名簿の収録データ（統計範囲）が違っていたことによるものと考えられよう。

表1-6のA『満洲国会社名簿』は満洲中央銀行によって編纂され、1940年版から1943年版まである[23]。1943年版では、1943年3月31日現在の満洲国内の40以上の都市および地域の会社情報を資本金20万円以上と資本金20万円未満、株式会社・合資会社・合名会社と組織形態別に、さらに鉱業、紡績工業、金属工業、機械器具工業、窯業、化学工業、食料品工業、製材及木製品工業、その他の工業、農林水産開拓業、交通業、物品販売業、金融業、その他の商業、雑業の15の業種別に分類して収録されている。データの内容は、会社名、本店所在地、設立年月日、資本金額（公称、払込）、営業目的、代表者な

36

表1-6 1940年代奉天の代表者国籍別工場数

A)『満洲国会社名簿』による記載

業種別	中国人会社			日本人会社	国籍別計
	資本金20万円以上	資本金20万円未満	小計		
紡績工業	0	2	2	19	21
金属工業	1	6	7	54	61
機械器具工業	2	10	12	138	150
窯業	2	5	7	32	39
化学工業	1	3	4	113	117
食料品工業	1	10	11	78	89
製材及木製品工業	0	3	3	17	20
その他工業	1	15	16	180	196
業種別計	8	54	62	631	693
割合	1.2%	7.8%	8.9%	91.1%	100.0%

出典：満洲中央銀行『満洲国会社名簿』（1943年3月31日現在）、1943年。

B)『満洲国工場名簿』による記載

業種別	中国人工場		日本人工場		国籍別計
紡織工業	265	87.7%	37	12.3%	302
金属工業	171	73.7%	51	22.0%	232
機械器具工業	134	62.0%	82	38.0%	216
窯業	76	52.4%	69	47.6%	145
化学工業	113	67.7%	54	32.3%	167
食料品工業	136	60.2%	90	39.8%	226
製材及木製品工業	121	81.2%	28	18.8%	149
印刷及製本業	69	68.3%	32	31.7%	101
雑工業	321	81.3%	73	18.5%	395
業種別計	1,406	72.7%	516	26.7%	1,933

出典：経済部工務司『満洲国工場名簿』（1940年末現在）、1941年。
注：雑工業と業種別計にその他外国人工場1工場が含まれている。

どである。同名簿が網羅している会社数は、満洲国全域において、資本金20万円以上の会社1,368社、20万円未満会社3,570社である。奉天の工業部分だけ抽出すれば、表1-6のAの部分になる。

　一方、満洲国の経済部工務司『満洲国工場名簿』（1937年までは『満洲工場名簿』）は1935年から1942年までの満洲国工場を知る優れた資料である。

第1章 奉天の工業構造と商品流通　37

1940 年末現在の実態を収録したその 1941 年版は、日本国内において入手できるもっとも遅い時期のものである。同名簿は、「五人以上ノ職工ヲ使用スル設備ヲ有シ、又ハ常時五人以上ノ職工ヲ使用スル工場」を収録範囲としている。ただし軍に属する、あるいは官営工場、発電業関係工場は含まれていない[24]。同資料には中分類の工業内容を地方別に、さらに地方別を国籍別に分けている。工場名簿のデータ内容には、工業主国籍別、工場名、工場所在地、工場主の氏名または名称、主要生産品、職工数（男女別）、開業年月などの情報が含まれている。本項では中分類における奉天省の中の工場所在地が奉天市として登録された工場を抽出した。資料に収録される満洲国総工場数 1 万 3,169 のうち、中国人工場 1 万 1,181、日本人工場 1,875、その他 113 工場であった。そのうち奉天市は工場総数 1,991、中国人工場 1,406、日本人工場 516、その他 1 であった。上表 1-6 に掲載した工場数には資源調査規定第五条指定 7 工場（すべて日本人工場）と休業の部 51 工場（すべて中国人工場）は含まれていない。

　以上のように、表 1-6 の A はいわゆる「会社」形態を有する事業体の名簿であり、法人範疇以外の「会社外」事業体のもの、つまり個人事業は含まれていないことである。本書の研究対象である中国人工場に関していえば、9 割相当が小規模個人経営の形態に属する[25]ため、『会社名簿』には掲載されていない。

　表 1-6 の A『会社名簿』によると、1940 年代前半において会社数では日本人工場が中国人工場に対して圧倒的であり、奉天経済を支える存在であったという結論に至っても無理はないが、実際のところは、小規模個人経営の中国人工場は規模が小さいものの数が多く、無視できない生産額を有していたのである。

　満洲中央銀行調査部『都市購買力実態調査報告』（1944 年）による記録も紹介しておきたい。同資料は表 1-6 の A と同じ編纂機関であり、それによれば、奉天の工業工場における会社形態の資本金 20 万円以上のものは 263 社、資本金 20 万円未満のものは 430 社であった。ここまでの会社数は表 1-6 の A『会社名簿』資料と一致している。しかしそれ以外に、「会社外」工場（いわゆる個人事業）は 2,872 工場もあり、これらの零細資本の主役は中国人資本である

38

と記述されている[26]。

これまでの考察から、日本人工場による大規模生産が行われる一方で多数の小規模零細の中国人資本が市内に存在していた構図が浮かび上がろう。

(2) 国籍別工場分布

まず、全体の特徴をみてみよう。資料によれば、1940年の奉天の工業生産額において、日本人工場は2億9,575万円（60.4％）、中国人工場は1億9,422万円（39.6％）であった[27]。筆者の研究でも、日本人工場は生産額の約6割以上、中国人工場は約4割未満を占めていたという分析結果を得ており[28]、いずれも、1940年代初頭の奉天の工業生産額において日本人工場は優位を占めていたことがわかる。しかし一方、工場数でみると、いずれの業種においても中国人工場数が日本人工場より多かった。表1-7のように、1940年の奉天では、工場数の多い業種順に雑工業では中国人321、日本人73、紡織工業では中国人265、日本人37、機械器具工業では中国人134、日本人82、食料品工業では中国人136、日本人90、金属工業では中国人171、日系51、化学工業では中国人113、日本人54、製材及木製品工業では中国人121、日本人28、窯業では中国人76、日本人69、印刷及製本業では中国人69、日本人32となっていた。

他方、中国人工場と日本人工場は工場所在地の分布上において偏倚があった。図1-2は17区でみた地域別中国人工場と日本人工場の分布である[29]。図から以下の3点が確認できる。

第一に、工場数の多い順で配列すると、①瀋陽区437、④北関区308、⑧大和区211、⑨鉄西区201、③小西区174、⑦朝日区165、②大西区135、⑤東関区60、⑥敷島区58となり、周辺地域の⑩－⑰における分布はわずかである。①－⑤の旧市街（1,054）、⑥と⑦の準新市街（223）、⑧と⑨の新市街（412）を比較すると、旧市街の工場数が圧倒的に多かったことがわかる。

第二に、代表者国籍別でみると、中国人工場の数が多かったこと、中国人工場の多くが①－④の旧市街、日本人工場の多くが⑧－⑨の新市街に集中していたことが読みとれる。

第1章　奉天の工業構造と商品流通　*39*

表1-7　奉天市の業種別代表者国籍別工場数（1940年）

業種別	中国人	日本人	業種別	中国人	日本人	業種別	中国人	日本人
紡織工業	265	37	窯業	76	69	67 製氷業	0	1
1 生糸製糸業	0	0	33 陶磁器製造業	1	2	68 製粉業	17	1
2 柞蚕糸製造業	0	0	34 硝子及硝子製品製造業	7	8	69 澱粉製造業	0	0
3 綿糸紡績業	0	2	35 普通煉瓦製造業	67	42	70 製糖業	0	1
4 絹糸紡績業	0	0	36 特殊煉瓦製造業	0	0	71 製菓業	55	40
5 麻糸紡績業	0	1	37 セメント製造業	0	0	72 缶詰瓶詰製造業	0	2
6 毛糸紡績業	0	1	38 セメント製品製造業	0	8	73 畜産品製造業	0	0
7 綿織物業	83	3	39 石灰製造業	0	0	74 水産品製造業	0	0
8 絹織物業	3	0	40 マグネサイト焼成業	0	0	75 製麺業	1	2
9 麻織物業	0	1	41 屋根瓦製造業	0	1	76 調味料製造業	0	0
10 毛織物業	5	2	42 その他	1	5	77 製穀業	24	11
11 人造絹織物業	3	0	化学工業	113	54	78 その他	1	2
12 スフ織物業	0	0	43 製薬業	0	3	電気工業	0	0
13 莫大小製造業	96	7	44 工業薬品製造業	0	9	79 発電業	0	0
14 染色業	56	12	45 染料製造業	0	0	瓦斯工業	0	1
15 繰綿業	0	0	46 塗料顔料製造業	5	6	80 瓦斯製造業	0	1
16 製綿業	0	6	47 石鹸製造業	1	4	製材及木製品工業	121	28
17 その他	19	2	48 蝋燭製造業	7	2	81 製材業	30	10
金属工業	171	51	49 火薬類製造業	0	1	82 木製品製造業	91	18
18 金属精錬業	0	5	50 鉱油製造業	0	0	印刷及製本業	69	32
19 銑鉄鋳物業	50	13	51 大豆油製造業	23	1	83 印刷及製本業	69	32
20 その他の金属鋳物業	0	1	52 その他植物油製造業	17	1	雑工業	321	73
21 ボールト、ナット製造業	8	9	53 加工油製造業	0	0	84 皮革製品製造業	54	12
22 蹄鉄業	2	2	54 パルプ製造業	0	0	85 裁縫業	66	31
23 釘類製造業	0	2	55 製紙業	12	3	86 燐寸製造業	1	0
24 建築橋梁鉄製業	0	4	56 人造肥料製造業	0	0	87 煙草製造業	2	4
25 その他	111	15	57 製革業	19	3	88 紙製品製造業	30	10
機械器具工業	134	82	58 コークス製造業	0	0	89 竹製品製造業	12	0
26 普通機械器具製造業	47	25	59 練炭製造業	0	0	90 籠製品製造業	12	0
27 精密機械器具製造業	21	19	60 ゴム製品製造業	0	16	91 帽子製造業	33	4
28 電気機械器具製造業	2	8	61 その他	29	5	92 毛筆製造業	7	0
29 車輛製造業	26	16	食料品工業	136	90	93 履物類製造業	45	0
30 鉄道用品製造業	0	1	62 日本酒製造業	0	10	94 石工品製造業	4	0
31 造船業	0	0	63 支那酒製造業	9	3	95 線香製造業	10	0
32 その他	38	13	64 洋酒醸造業	2	3	96 配合飼料製造業	0	0
			65 味噌醤油酢製造業	20	9	97 その他	45	12
			66 清涼飲料製造業	7	5			

出典：経済部工務司『満洲国工場名簿』（1940年末現在）、1941年より作成。

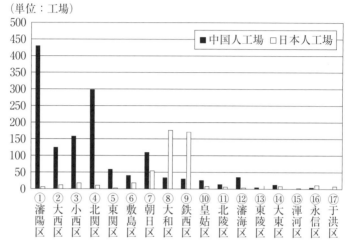

図1-2 1940年奉天の代表者国籍別工場分布

出典：経済部工務司『満洲国工場名簿』(1940年末現在)、1941年より作成。

　第三に、準新市街に関していえば、日本人工場の分布も一部を占めているが、中国人工場の割合が高かった。

　図1-2に表示していないが、エリア別工場数の多い業種をみれば、旧市街の①瀋陽区では雑工業が182で最も多く、ほかに紡織工業65、金属工業44、印刷及製本業36、食料品工業34、化学工業31となっている。④北関区では、紡織工業134、ほかに雑工業48と金属工業44の工場が多く、③小西区と④大西区では各業種が比較的バランスよく分布している。旧市街全体でみれば、雑工業、紡織工業、金属工業の割合が比較的高い。新市街と準新市街地域では、⑨鉄西区と⑦朝日区の工業構成は似ており、鉄西区は機械器具工業51、金属工業35、化学工業35、食料品工業23であり、朝日区は機械器具工業53、製材及木製品工業42、金属工業26、窯業21である。他方、⑧大和区では食料品工業67、雑工業52、印刷及製本業30などであり、⑥敷島区は工場数が少なく、比較的多い業種は食料品と金属工業である。その他の周辺地域においては工場数が比較的少ないが、窯業工場の分布が高い割合を占めている[30]。

　以下では、本書の研究対象である紡織工業、とりわけ綿織物工場を取り上げ

て、その資本別生産内容と分布を簡単に検討していこう。

　紡織工業は302工場うち、中国人工場265、日本人工場37である。表1-8のAの生産内容別国籍別工場数によれば、中国人工場は、莫大小製造業、綿織物業と染色業の三つの分野に集中しており、高度な機械設備を要し大規模生産に適合する紡績業への参入はなかった。莫大小製造業（96）の内訳は、注文に応じて莫大小製品を加工する工場50、綿製や毛製の靴下生産40、シャツズボ

表1-8　奉天の紡織工業工場数（1940年）

A）生産内容別国籍別工場数

業種別内訳	中国人	日本人
合計	265	37
綿糸紡績業	0	2
麻糸紡績業	0	1
毛糸紡績業	0	1
綿織物業	83	3
粗布	31	0
大尺布	21	0
その他	31	3
絹織物業	3	0
麻織物	0	1
毛織物業	5	2
人造絹製造業	3	0
莫大小製造業	96	7
染色業	56	12
製棉業	0	6
その他	19	2

C）所在地別国籍別工場数

所在地	中国人	日本人
合計	265	37
①瀋陽区	64	1
②大西区	22	2
③小西区	22	2
④北関区	133	1
⑤東関区	12	1
⑥敷島区	2	2
⑦朝日区	0	4
⑧大和区	1	9
⑨鉄西区	0	11
⑩皇姑区	0	2
⑪北陵区	0	0
⑫瀋海区	9	0
⑬東陵区	0	0
⑭大東区	0	1
監獄内	0	1

B）規模別中国人工場数

職工数別	101人以上	51-100人	31-50人	16-30人	0-15人	不明	合計
中国人工場	2	8	21	82	151	1	265
	0.8%	3.0%	7.9%	30.9%	57.0%	0.4%	100.0%

出典：経済部工務司『満洲国工場名簿』（1940年末現在）、1941年により作成。

ン5、その他1となっている。綿織物業（83）の生産内容は、東北地域で広範な市場をもつ14-16番手綿糸を原料とする粗布と大尺布の生産が中心であり、ほかに22番手綿糸を原料とする細布や加工綿布、腿帯、毛布などの生産工場であった。染色業（56）は布染色加工と糸染色加工に分類され、布染色は46、糸染色は10であった。上記3業種のほか、毛織物業5（絨毯生産）、絹織物業3（絹綢生産）、人造絹織物業3（小倉布、人造毛布生産）、その他紡織業19となっている[31]。表1-8のBの規模別の分布をみると、中国人工場では、職工数30人以下の小規模零細工場が87.9%、職工51人以上は少なかった。

　他方、日本人工場では染色業12、莫大小製造7、製綿業6（中入綿）、綿織物業3、綿糸紡績業2、毛織物業2、毛糸紡績業、麻糸紡績業、麻織物業各1、その他紡織業2であった。工場数は中国人工場より少ないものの、業界を代表する大規模生産工場が多数存在した。たとえば、職工数3,162人の満洲毛織物株式会社（1920年設立、毛織物）、職工数1,538人の満洲製麻株式会社（1919年設立、麻袋生産）、職工数1,419人の奉天紡紗廠（1921年設立、綿紡織）、職工数1,213人の恭泰莫大小紡績会社（1936年設立、シャツやズボン生産）などがそれである[32]。

　表1-8のCの立地では、中国人工場の紡織工場は④北関区などの旧市街地域に集中しており、新市街への進出はほぼなかった。

第3節　奉天市場における商品流通

　本節では、1931-1936年奉天の都市経済が拡大していく過程で、奉天市場が満洲国においてどのような存在として位置づけられるのかを奉天経済で大きな比重を占めた綿布流通を中心に検討したい[33]。

1. 商品流通とその特徴

奉天市場の商品流通に大きな役割を果たすことになったのは鉄道輸送の発達と深くかかわっている。奉天から後背地へ商品を運搬する際の主な輸送手段は鉄道と馬車である。近隣地は馬車によるものが多いが、都市間は鉄道輸送を中心としていた。

奉天には大連と新京を結び東北を縦断する満鉄本線が通っており、北は新京において哈爾濱と結ぶ京濱線に接続する。西は奉山線によって山海関まで続き、さらに中国本土鉄道線により天津、北京へ通じる。東は安東につながる安奉線により、あるいは吉林に続く奉吉線、さらに新京と図門を結ぶ京図線により朝鮮国境に通じている。鉄道の発達は商品をより迅速かつ多量に奉天まで輸送することに貢献しただけでなく、商品流通の結節点としての奉天の役割もよりいっそう大きくした。

表1-9は1929年から1936年までの奉天の輸移出入額を表したものである。同表によると、奉天でも満州事変の影響が深刻であったことがわかる。しかし、以後輸移出入ともに急速に増加している。すなわち1932年は前年比

表 1-9　奉天の輸移出入額（1929-1936 年）

年次	合計		輸移入		輸移出		入超
	（千円）	前年比	（千円）	前年比	（千円）	前年比	（千円）
1929	163,930	－	110,290	－	53,640	－	56,650
1930	104,070	63%	65,820	60%	38,250	71%	27,570
1931	56,090	54%	34,600	53%	21,490	56%	13,110
1932	138,450	247%	84,400	244%	54,050	252%	30,350
1933	222,550	161%	118,222	140%	77,685	144%	40,537
1934	292,540	131%	177,136	150%	103,075	133%	74,061
1935	404,330	138%	233,759	132%	129,847	126%	103,912
1936	443,810	110%	239,320	102%	147,611	114%	91,709

出典：奉天商工会議所『奉天経済三十年史』1940 年、417 頁より作成。
注：1932 年以降の数字は 1932 年の物価でデフレートした（1932 年 100、33 年 113.6、34 年 104.4、35 年 111.2、36 年 114.7）。

250％前後増加し、総輸移出入額は1億3,800万円を超えた。1932年以降も高い増加率を維持し、1936年の時点で、輸移出額は1億4,800万円弱、輸移入額は2億3,900円強に達したのである。輸移出と輸移入の差額をみれば、奉天は入超が続いていることがわかる。これは表1-10でみるように、産業開発に伴う生産資料の輸移入と人口の急増に基づく消費物資の輸移入額が膨張した結果である。

　前述したように、奉天の輸移出入においては鉄道の役割が大きいため、奉天駅発着貨物量の変化を通して商品流通のおおよその特徴を把握できよう。奉天商工公会によって編纂された『奉天経済統計年報』（1937年版）には奉天駅貨物輸移出入品の数量が集計されている。1932年から1937年までの統計においては重要輸移入品256品目、輸移出品102品目の記録があった。輸移入品は紡織製品、雑貨、穀物、野菜果物、海産物、煙草、砂糖、醸造製品、紙文具、金属・非金属、金物、化学製品など広範囲にわたるのに対し、輸移出品は紡織製品、雑貨、穀物、野菜果物、煙草、砂糖、醸造製品、紙文具などの生活必需品にとどまっている。筆者は同資料から1936年の主要な品目を抽出して、Ａ類：輸移出の記録なし、Ｂ類：輸移出額は輸移入額より少ない、Ｃ類：輸移出額は輸移入額より多い、と3分類を行い、表1-10を作成した。

　表によれば、第一に指摘できるのは、Ａ類の鉄類、金物、銅、亜鉛、染料、機械などのような重化学工業生産の生産素材（原料）となる製品、およびＢ類の輸移入額と比べると輸移出額は少なかった石灰類、セメントなどを含めた建築材料は、奉天に輸移入された後、ほぼ輸移出されることは確認できなかった。しかも、『満洲国外国貿易統計年報』によれば、1936年満洲国輸入金属品および鉱砂品計5,077万円のうち4,340万円、機器および工具3,892万円のうち3,068万円、雑類金属製品3,862万円のうち3,485万円が日本からの輸入品であった[34]。こうした事実は奉天の重化学工業化がその素材を日本に依拠しつつ進行していることを意味している。つまり奉天の重化学工業化や工場・インフラ建設は顕著であったが、それは基本的には満洲国内で完結しておらず、日本からの生産財や原材料品による補完を必要としていたのである。

　付け加えておくと、統計年報に重要貨物として集計されなかったことは、

第1章　奉天の工業構造と商品流通　*45*

表1-10　奉天駅重要貨物の輸移出入高（1936年）

（単位：千トン、綿糸布のみ千梱）

	品名	入		品名	入	出	出／入
A類	鉄類*	52,978	B類	石灰類	43,722	608	0.0
	金物類	78,473		セメント	677	78	0.1
	銅類	1,366		菓菓類	37,053	4,533	0.1
	亜鉛類	4,067		綿花	4,609	670	0.2
	錫類	233		薬品薬材	3,409	1,029	0.3
	真鍮類	312		工業用油	4,254	2,552	0.6
	アルミニウム及同製品	100		綿糸布	190	160	0.8
	其他金物	1,030		雑貨類	10,618	9,240	0.9
	機械	2,548		煙草類	15,665	14,710	0.9
	電用品	3,753	C類	醤油	2,311	3,031	1.3
	自動車及同附属品	1,203		酒類	6,162	8,477	1.4
	染料	3,107		鉄製品	18,318	47,294	2.6
	塗料	1,692		味噌	324	1,846	5.7
	硝子類	4,337		清涼飲料水	418	2,503	6.0

出典：奉天商工公会『奉天経済統計年報』1937年版、44-47頁、113-121頁より
　　　筆者が代表的な品目を抽出して作成した。

　注：（1）A類：輸移出の記録なし、B類：輸移出額は輸移入額より少ない、C
　　　　　類：輸移出額は輸移入額より多い。
　　　（2）重要貨物に限定する。
　　　（3）鉄類*：C類の鉄製品を除いた銑鉄、鉄板などを指す。

まったく奉天駅から輸移出されなかったことを意味することではない。たとえ
ば、奉天の金属工場「中山鋼業所」は亜鉛引鉄板、洋釘、琺瑯鉄器などを生産
していたが、琺瑯鉄器は哈爾濱を中心に北満方面をはじめ沿線各地および地場
よりの注文が多かった。機械器具工場「日満鋼材工業」は機械部門では新京発
電所、小野田セメント、撫順の松風工業などと、鉄道部門では鞍山工材、三菱
などと取引していたという[35]。

　第二に指摘できるのは、奉天の物資生産・消費地に加えて、集散地としての
性格である。B類の煙草、雑貨類、綿糸布などは奉天の代表的な製品である。
またC類の味噌、酒類、醤油は輸移出が輸移入を上回っている。これらのこと
から明らかなように、奉天が消費財生産都市としても成長していたこと、また

奉天製品は現地消費のみならず、後背地にも移出され、後背地の消費を支えていたのである。

たとえば、奉天商工会議所の調査によれば、清酒醸造の「嘉納酒造」は、売上高が軍納入も含めて 350 石のうち 4 分の 3 を、鉄道を通じて各沿線方面に出荷していた。「千代の春」は売上高のうち 7 割以上、「満洲千福」も 4 分の 3 を哈爾濱、斉斉哈爾、図門、間島、熱河方面などの各鉄道沿線に販売していた。醤油醸造も鉄道沿線地方からの需要が多かったとされている。毛織物工業の「満蒙毛織株式会社」は大口取引先に満洲国政府と各官庁があるが、それ以外に同社は大連、奉天城内、新京、吉林、哈爾濱、斉斉哈爾、延吉、錦県の 8 ヵ所に出張所を設けて、製品の販売を促進している [36]。以下では集散地市場としての奉天をみていこう。

2. 奉天における綿布の集散状況

前項でみたように、奉天市場の商品集荷は満洲国最大の規模であったが、奉天市場から各需要地への荷物配送状況はどうであったのか、各市場へどのような割合によって振り分けられたのかを、綿布に絞って検討していこう。

表 1-11 は奉天経由綿布発送および後背地消費状況を表したものである。Aの発送状況によれば、奉天から発送された綿布は満鉄線（29.3％）、奉山線（20.1％）、四洮線（9.2％）、奉吉線（8.3％）などの鉄道線路を通じて沿線各地に運ばれていき、各拠点地域に到着した後、さらにこれらの中心地域から分散されていく。奉天市場に残された綿布は 23.9％を占めているが、このすべてが地場消費されるのではなく、小包輸送を利用して遠隔地へ発送したものも含まれている。地場消費と小包輸送の割合についてみると、加工綿布でみると 7 対 3 程度であるといわれているから [37]、おおよそ 17％が地場消費されたと考えられよう。

奉天の綿布後背地市場は膨大なものであった。同表 B 消費状況によれば、奉天後背地の綿布消費人口は 2,125 万人、推定綿布消費額は 6,750 万円であり、そのうち満鉄沿線一帯（哈爾濱 - 営口）がその半分くらいを占めており、おも

表 1-11　奉天経由綿布発送および後背地消費状況（1933-1934 年頃）

A）発送状況

発送先内訳		梱数	比率
奉天留保		28,912	23.9%
発送合計		92,110	76.1%
満鉄線	計	35,505	29.3%
	営口	673	0.6%
	安東	105	0.1%
	撫順	1,765	1.5%
	新京	5,991	5.0%
	その他	26,971	22.3%
四洮線		11,113	9.2%
奉山線		24,300	20.1%
奉吉線		10,000	8.3%
京図線		3,807	3.1%
北満	哈爾濱	2,164	1.8%
	その他	5,221	4.3%

B）消費状況

後背地別		消費人口（万人）	推定消費額（万円）
合計		2,125	6,750
満鉄沿線一帯（哈爾濱―営口）	奉天、撫順地方	234	750
	遼陽南、営口地方	228	800
	鉄嶺、開原、四平街	324	1,100
	新京	100	300
	哈爾濱	150	550
	その他北鉄南部線	125	450
四洮線、洮斉線一帯		193	600
奉山線、錦承線一帯		460	1,200
奉吉線一帯		170	500
京図線一帯		141	500

出典：A）は満洲輸入組合聯合会『満洲に於ける綾織綿布並加工綿布』1936 年、
　　　385 頁、B）は同『満洲に於ける金巾、粗布及大尺布』1936 年、59-60 頁
　　　より作成。
　注：比率＝発送先梱数÷（奉天留保＋発送合計）×100%

な消費地であった。同表に示している地域からみると、北は北満の斉斉哈爾、
納河、西は中国本土との隣接地である承徳、東は安東省付近の岫巌まで広がっ
ている。満洲国建国前から、奉天は南満洲の満鉄沿線への消費財供給地であっ
たが、1930 年代前半にその性格はさらに強まり、北満の一部を後背地市場に
組み込みつつあったと考えられよう。奉天市場で取引された綿布のうち、8 割
前後が後背地に移出された[38]。これは価格に直すと 2,720 万円ほどになり、後
背地推定綿布消費額 6,750 万円の 4 割を占めていたのである。

小　括

　以上、満洲国支配下の奉天を工業と商業の両面から検討してきた。明らかに
しえたことを要約して本章を終えたい。

　奉天は満洲国最大の工業都市であった。1930年代初頭、奉天では重工業が
ほとんど発展しておらず、綿業を中心とした紡織工業ならびに食料品などの消
費財生産を特徴としていた。その中で、紡織工業は工業構成において有数の生
産額を有し、群を抜く労働者数を擁していた。紡織工業の中心は綿織物業であ
り、その主な生産地は奉天であった。綿織物生産は数多く存在した中国人中小
工場によって支えられており、綿織物業は代表的民族産業であった。

　しかし、満洲国建国後、奉天は工業地区に指定され、鉄西区が造成された。
同地区や隣接の満鉄附属地に機械器具工業を中心とした工場が立地するととも
に、奉天経済は膨張し、満洲国の重化学工業の一大拠点に成長した。

　1940年の奉天において、中国人工場は工場数では7割以上、生産額では4
割弱を占めていた。日本人工場と比べると、中国人工場は規模が小さいもの
の、工場数は圧倒的に多く、旧市街を中心としつつ、一部の機械器具工業など
の新興産業領域では、中国人工場は日本人が集中する新市街や準新市街へと進
出していった。

　しかし一方、在来的な要素が強い紡織工業では、綿織物やメリヤス製造など
の生活必需品を生産する中国人工場は小規模や零細規模がほとんどであり、こ
れらの工場は満洲国期において大きな変容はなく、旧来の中国人密集地に分布
する特徴がみられた。

　商品流通についてみれば、1930年代奉天の輸移出入額は急増し、奉天は商
品流通においても東北地域の結節点の位置を占めた。その物資流通の特徴は次
のように特徴づけられる。第一に、重化学工業生産の素材となる物資は主に日
本から輸移入されるにとどまり、輸移出されることは少なかった。これは奉
天の重化学工業化が日本に依拠しつつ進行していることを意味していた。第二
に、奉天が満洲国の最大の消費都市であったのみならず、消費財生産都市とし

第 1 章　奉天の工業構造と商品流通　*49*

ても成長した。さらに、奉天に集積された多様な商品が輸移出され、集散地市場としての性格を持っていたことも注目すべきである。

　この集散地市場としての状況を綿布流通についてみると、奉天には満鉄沿線を中心に 2 千万人を越える人口を抱える後背地があり、奉天市場で取引された綿布のうち 8 割前後は後背地に移出されていた。奉天の消費財生産都市としての成長や集散地市場としての発展はこれら後背地に支えられていたのである。

注

1)　土肥顕「鉄西工業地区の概況」満洲経済時報社『満洲経済時報』第 21 巻、第 9 号、1939年 9 月、92 頁。

2)　これは大東公司奉天事務所が入満許可者に支給した査証によるものである。入満者は工事や工場労働の需要状況によって移動し、そのため離満者も多いが、そのまま奉天に残る数も膨大であった（奉天商工会議所『奉天産業経済の現勢』1937 年、164 頁）。

3)　奉天商工会議所『奉天商工月報』第 362 号、1935 年 11 月 15 日、64 頁。

4)　柳沢遊『日本人の植民地経験』青木書店、1999 年、249 頁。

5)　前掲『奉天商工月報』第 359 号、1935 年 8 月 15 日、42-44 頁。なお、奉天の夜店の取扱品種は果実、飲食物、洋品雑貨、煙草、電気器具、履物、靴鞄、金物、文房具など多種にわたる。商品の仕入関係上、夜店商品は昼間店舗品と大差ないとのことである。

6)　奉天市商工公会『奉天統計年報』1943 年、3 頁。

7)　奉天商工会議所『発展途上の奉天』（奉天経済調査彙第六輯）1935 年、18-20 頁。

8)　福田実『満洲奉天日本人史』謙光社、1976 年、190 頁。

9)　「鉄西工業地の沿革」、「鉄西工業地の繁栄策は？」『満洲経済時報』第 21 巻、第 9 号、1939 年 9 月、101 頁。

10)　前掲「鉄西工業地区の概況」、92 頁。

11)　同上、92 頁。ただし、この生産高は公表不可能工場を除いたものであるため、実数はさらに大きいものと考える。

12)　満鉄経済調査会『満洲産業統計』1932 年。経済部工務司『満洲国工場統計』1940 年。

13)　前掲『満洲産業統計』1932 年、前掲『満洲国工場統計』1940 年。ただし、1940 年の統計には特殊工業が含まれていない。生産額の多いこれら工業を含めると比率は幾分低下すると考えられる。

14)　前掲『満洲産業統計』1932 年、81-90 頁。

15)　奉天商工会議所『奉天経済三十年史』1940 年、442 頁。

16)　張暁紅「満州事変期における奉天工業構成とその担い手」（九州大学『経済論究』第 120

50

号、2004 年 11 月）を参照されたい。

17) 奉天商工公会『奉天産業経済事情』1942 年、47 頁。

18) 補足しておきたいのは、重工業の発展速度は軽工業より速いが、1940 年時点でも、軽工業の比重は重工業を上回っている点である。34 頁第四点で指摘するように、1930 年代に奉天は重工業が急速に発展したと同時に、軽工業も発展していた。詳細は張暁紅「満洲国」商工業都市 ― 1930 年代の奉天の経済発展」慶応義塾経済学会『三田学会雑誌』101 巻 1 号、2008 年 4 月を参照されたい。

19) 鈴木邦夫編『満州企業史研究』日本経済評論社、2007 年、705 頁。

20) 奉天の重化学工業化の担い手は日系企業のみならず、中国人工場も注目されたい。これについて、筆者は、拙稿「『満洲国』期における奉天の工業化と中国資本」（柳沢遊他編著『日本帝国勢力圏の東アジア都市経済』慶應義塾大学出版会、2013 年、221-249 頁）では、1930 年代から 1940 年代初頭の奉天における機械器具工業を取り上げ、植民地支配によって抑圧されつつ、日系大工場の下請工場として一部の中国人工場が台頭していたことを明らかにした。

21) 前掲『奉天産業経済事情』、197 頁。

22) 業種ごとにみると、機械器具工業や化学工業において数字の大きな変化があったことも確認できるが、その原因について現時点ではまだ不明である。

23) 1940 年版と 1941 年版は資本金 20 万円以上のみ、1942 年版と 1943 年版は資本金 20 万円以上と 20 万円未満両方が揃っている。

24) なお、中国吉林省社会科学院満鉄資料館に 1942 年版が所蔵されている。同名簿の統計範囲の限界については、風間秀人「1930 年代における『満洲国』の工業 ― 土着資本と日本資本の動向」アジア経済研究所『アジア経済』第 48 巻 12 号を参照されたい。

25) 『奉天ニ於ケル生産工業ノ実態』1941 年、5 頁（著者不明、中国吉林省社会科学院満鉄資料館所蔵）。

26) 満洲中央銀行調査部『都市購買力実態調査報告』1944 年、160 頁。

27) 前掲『奉天ニ於ケル生産工業ノ実態』、33 頁。同実態調査資料では、奉天市の地域分類において「北市場地区」、「南市場地区」、「鉄西地区」、「大東地区」、「その他の地区」と五分類している。本書の地域分類と対照すれば、以下のようになる。北市場地区は旧市街と敷島区、南市場地区は大和区と朝日区、大東地区とその他の地区は周辺地域である。

28) 前掲、張暁紅「満州事変期における奉天工業構成とその担い手」。

29) 1940 年は 11 区制を使用していたが、本項では 1941 年 1 月に編成替えされた後の 17 行政区の分類に置き換えて分析を試みる。1940 年工場名簿に掲載されている工場所在地情報が詳細であったため、置換え作業が可能となった。なお、置き換える目的は、人口密度の高い旧市街と新市街の内訳分析がこれによって実現できるようになるからである。

30) 前掲『満洲国工場名簿』（1940 年末現在）、1941 年。

31) 同上。

32) 前掲、張暁紅「満州事変期における奉天工業構成とその担い手」に詳しい。

33) ここでは1937-1945年の経済統制期は分析対象としない。経済統制期の綿布流通について第7章を参照されたい。

34) 満洲国経済部『満洲国外国貿易統計年報』1936年、34-37頁。

35) 前掲『奉天商工月報』第361号、1935年10月15日、26頁。

36) 前掲『奉天商工月報』第361号、1935年10月15日、24-25頁。

37) 満洲輸入組合聯合会『満洲に於ける綾織綿布並加工綿布』1936年、386頁。

38) 奉天商工公会『奉天経済統計年報』1937年によると、1932年の奉天駅経由、輸移出綿布数量は輸移入に占める比率は67％、それ以降さらに上昇し、1935年になると88％にものぼった。

第 2 章

1920年代の奉天における中国人綿織物業

　本章の課題は、1920年代の奉天における中国人綿織物業について検討する。通説は、中国東北地域は綿布をもっぱら輸入に依存していたとされる。本章では輸入綿布に圧迫されながらも綿業は一定の発展を遂げつつあったことを明らかにすると同時に、綿織物やその担い手がどのような特徴をもっていたかを考察する。

　具体的には、以下のような順序で検討したい。まず、東北の綿布生産が輸移入に圧倒されて壊滅的状況にあったという根拠の再検討からはじめる。次に、生産地として最も盛んであった奉天を事例として、1920年代の都市における綿織物業の特徴を明らかにする。最後に、1920年代の中国人資本である奉天紡紗廠と中小綿織物業の関係を検討する。

第1節　1920年代の東北地域における綿布生産

1.「満洲綿糸布需給表」の問題点

　東北地域綿布生産に対する先行研究の評価を表2-1の「満洲綿糸布需給表」を通じて検討しよう。同表は、序章で述べたように、『満洲経済年報』（1934年版）[1]で、東北地域の綿布生産高は微々たるものでしかなく、東北地域綿布市場は輸移入綿布に依存していたことを論証するために引用されている。

　管見の限りでは、この表は1932年8月号の『ダイヤモンド』第20巻25号

に載せられたものが初出であるが[2]、『ダイヤモンド』はこの統計の典拠を明示していない。同表によれば、1920 年代後半から 30 年代初頭の時期には、東北地域綿布生産高は供給全体の数％しか占めていないという状況にあったことになる。『ダイヤモンド』の上記論文も「綿布は九割六分を外国からの供給に俟つ有様である」と記述している。しかし、同論文中ではまた、満洲紡績会社と奉天紡紗廠の二社の年間綿布生産高は 30-40 万疋とも書かれている。30-40 万疋は 60-80 万反（1 疋 = 2 反）の綿布に相当するので、この生産高だけからも表の綿布生産高が少なすぎることがわかる。

　結論からいうと、この表の綿布生産高はまったくの誤りであり、1 桁異なっているのではないかと推測される。その点を傍証する資料をあげておくと、1932 年の『満洲産業統計』によれば、満洲国内綿布生産量は 500 万反である。1、2 年で生産量が 20 倍になることは考えられないこと、また、東北地域主要都市における生産額だけをみても、表2-1 の 10 倍の数字を得ることができる[3]。

　筆者の計算では、東北の綿布生産は消費総量の少なくとも 3 割以上を占めている。そこで、以下では表2-1 の問題点を指摘し、より正確な数値への変更を試みたい。同表中の東北地域の綿糸消費高から綿布生産高を推算してみると、この表の綿布生産高とまったく異なった数値が得られる。少し面倒であるが、重要な点なので換算を行ってみよう。

　東北地域における綿布生産は主に粗布と大尺布を中心としている[4]。粗布、大尺布に製織する場合、綿糸 1 担に対し約 30 反を織上げたとみなすことができる[5]。また、表2-1 で使用されている「俵」という単位は包装単位であり、40 玉を一つの俵で包装する時（1 俵 = 1 梱、約 200kg）[6]もあれば、綿糸 20 玉を 1 俵とし、さらに 2 俵で 1 梱を作るという包装方式（1 俵 = 1/2 梱、約 91kg）[7]もある。したがって、包装の仕方によって、俵の重さも違ってくる。そこで、俵と担の換算について、二つのケースに分けて議論することにする。

　まず、ケース A として 1 俵 = 約 200kg で換算すると、綿糸 1 俵が 3.3 担（1 反 = 60.48kg）であるから綿布 1 俵は約 99 反の織上げとなる。次に、ケースB として 1 俵 = 約 91kg で換算してみると、綿糸 1 俵が 1.5 担であり、綿布 1 俵は約 45 反の織上げとなる。綿糸の差引消費高が正確であると仮定すれば、

第 2 章　1920 年代の奉天における中国人綿織物業　*55*

表 2-1　満洲綿糸布需給表（1928-1931 年）

		生産高		輸入高		計	輸出高	差引消費高
綿糸（俵）	1928 年	39,322	34%	77,680	66%	117,002	10,171	106,831
	1929 年	51,140	42%	70,719	58%	121,859	19,616	102,243
	1930 年	57,146	47%	63,905	53%	121,051	23,060	97,991
	1931 年	27,126	71%	10,863	29%	37,989	16,514	21,475
綿布（反）	1928 年	312,194	4%	8,370,323	96%	8,682,517	135	8,682,382
	1929 年	267,520	3%	8,319,955	97%	8,587,475	14,680	8,572,795
	1930 年	263,035	4%	6,679,964	96%	6,942,999	0	6,942,999
	1931 年	52,380	7%	739,848	93%	792,228	0	792,228
土布（俵）	1928 年	21,837				21,837	14	21,823
	1929 年	66,353				66,353	15	66,338
	1930 年	66,053				66,053	0	66,053
	1931 年	10,709				10,709	0	10,709

出典：満鉄経済調査会『満洲経済年報』1934 年、123、129 頁。「前途を期待さる、
　　　満洲の紡績業」『ダイヤモンド』20 巻 25 号、1932 年 8 月 21 日、3,144 頁。
　　　塚瀬進「中国東北綿製品市場をめぐる日中関係」中央大学『人文研紀要』
　　　11 号、1990 年 8 月、145 頁。
　注：（1）1931 年の数字は 1 月-5 月。
　　　（2）比率は筆者による計算。

綿布生産高は反換算で表 2-2 のようになる。綿布生産高 A の反数は原表 2-1
のおよそ 34 倍、綿布生産高 B は約 15 倍以上である。

　原表のもう一つの問題点は、土布[8]生産額から綿布生産額を計算してみる
と、これもまったく原表と異なった奇妙な結果が得られることである。土布 1
俵は 60 反[9]である。上記換算に基づき計算すると表 2-3 のようになる。綿布
の一種である土布の生産量が綿布生産量を上回るということになったのであ
る。

　以上から東北域内綿布生産が微々たるものに過ぎなかったことを示す根拠
とされてきた表 2-1 の数値が、信頼できないことは明らかである。

表 2-2　綿糸消費高から計算した綿布生産高

年次	綿糸差引消費高（俵）	綿布生産高A（反）	綿布生産高B（反）
1928 年	106,831	10,576,269	4,807,395
1929 年	102,243	10,122,057	4,600,935
1930 年	97,991	9,701,109	4,409,595
1931 年	21,475	2,126,025	966,375

注：(1) 原表の綿糸差引消費高が正確であると仮定する。
　　(2) ケースAの場合、綿糸 1 俵が 3.3 担で、綿布約 99 反の織上となる。綿布生産高A＝綿糸差引消費高×99。
　　(3) ケースBの場合、綿糸 1 俵が 1.5 担で、綿布約 45 反の織上となる。綿布生産高B＝綿糸差引消費高×45。

表 2-3　土布の単位換算

年次	俵	反
1928 年	21,837	1,310,220
1929 年	66,353	3,981,180
1930 年	66,053	3,963,180
1931 年	10,709	642,540

注：(1) 原表の土布生産高が正確であると仮定する。
　　(2) 計算公式：反＝俵× 60。

2. 東北地域の綿布生産高と綿糸布輸移入

　続いて『北支那貿易年報』と『満洲貿易詳細統計』各年の統計数字などを用いて、1921 年から 1930 年までの東北地域綿布生産高を算出しておきたい。

　表 2-4 の綿布生産高は、域内生産綿糸と輸移入綿糸の合計高に基づいて推計したものである。同表から明らかなように、東北地域綿布生産は 1910 年代後半の 500-700 万反台から 1920 年代初頭になると、1,000 万反台に急増した。1920 年代半ばにはさらに増加し、以後停滞するものの、1,200 万反以上の生産を保っている。1920 年代後半、東北地域綿布生産は東北地域市場の 3 割以上、時には 4 割近くを占めていたということになり、ほとんど輸移入に依存してい

第2章　1920年代の奉天における中国人綿織物業　*57*

表 2-4　修正後の東北地域綿糸布需給（1917-1930 年）

年次	輸移入綿糸	生産綿糸	輸移出綿糸	綿糸合計	生産綿布		輸移入綿布		綿布合計	
	担	担	担	担	反	比率	反	比率	反	比率
1917	210,182	－	－	210,182	6,305,460	－	－	－	－	－
1918	170,942	－	－	170,942	5,128,260	－	－	－	－	－
1919	257,396	－	－	257,396	7,721,880	－	－	－	－	－
1920	232,608	－	－	232,608	6,978,240	－	－	－	－	－
1921	334,190	－	－	334,190	10,025,700	－	－	－	－	－
1922	362,111	－	－	362,111	10,863,330	－	－	－	－	－
1923	340,803	－	－	340,803	10,224,090	－	－	－	－	－
1924	309,125	…	…	309,125 以上	9,273,750 以上					
1925	313,443	…	…	313,443 以上	9,403,290 以上	29% 以上	23,178,281	71% 以上	32,581,571 以上	100%
1926	307,312	159,423	15,731	451,004	13,530,120	35%	25,556,293	65%	39,086,413	100%
1927	266,145	196,868	20,005	443,008	13,290,243	35%	24,832,482	65%	38,122,725	100%
1928	261,185	175,517	32,861	403,841	12,115,233	39%	19,028,301	61%	31,143,534	100%
1929	240,534	228,518	62,917	406,135	12,184,062	34%	23,677,335	66%	35,861,397	100%
1930	210,369	280,721	86,008	405,082	12,152,463	－	－	－	－	100%

出典：輸移入綿糸は満鉄庶務部調査課『北支那貿易年報』各年、生産綿糸の1926年以降は「満洲
に於ける紡績業及綿花栽培の将来」南満洲鉄道株式会社『満鉄調査月報』1933年11月、13
巻11号、輸移出綿糸と輸移入綿布は満鉄庶務部調査課『満洲貿易詳細統計』各年より引用。
注：(1)　生産綿糸の原資料単位は「梱」であり、筆者は1梱＝3.3担を用いて、「担」に換算した。
　　(2)　輸移入綿糸は輸移入綿織糸のことを指している。綿織糸は綿布製造に使用されたと仮定
する。
　　(3)　綿糸1担に対して綿布30反の織り上げとみなしている。
　　(4)　「－」は不明。「…」は不明だが、1924-1925年は紡績工場による綿糸生産がすでに始まっ
ているので、ゼロ以上として計上した。
　　(5)　関東州の数字を含む。

たわけでは決してなかったのである。

満州事変後の1932年時点で、綿織物業は、農産物と結びついた満洲三大工
業とともに、工業構成において大きな割合を占めていた[10]。この1930年代初
頭の綿織物業の発展の土台は、20年代に築かれていたと考えられよう。

それにもかかわらず、今までの東北地域経済に関する研究はこれを研究対
象から除外してきた。もちろん、これらの綿布製品は必ずしも工場生産による

ものではない。奉天紡紗廠のような大規模工場の製品や中小規模の工場製品も
あれば、輸移入綿糸を原料とした自家用綿布、あるいは農家副業的生産品もあ
る。しかし、これほど大きな割合を占めているということは、少なくとも東北
地域の綿布市場を議論する際、東北製品をも重要な要素として考えなければな
らないであろう。

3.　都市と県城における織布工場の発展

　20世紀初頭は東北地域の綿布輸移入はこれまでの主に直隷と山東の製品に
よって賄われていた構造から、アメリカ、ロシア、日本からの外国輸入綿布の
増加がみられた時期であった。

　指摘しておきたいのは、ほぼ同じ時期に、中国本土よりやや立ち遅れた形
で、東北地域の綿布生産も工場生産形態への移行が始まったことである。県
城（県の役所が置かれている町）レベルでみると、たとえば、1908年に錦県
に100名以上の職工を有する初めての私立織布工場が創立された。1909年に
新民府には織布業者15工場、職工数計100余人があった。1910年に遼陽県で
は大業昌織布工場が開業し、同工場は16馬力の蒸気機械1部、織機20余台、
職工50人を有し、花旗布と大布を年間それぞれ6,000-7,000疋を生産し、多
額な利潤があったという。また、奉天では、1909年官商合営奉天恵工有限公
司が設立され、同廠の織布染色部門において天津製鉄輪織布機40台、バッタ
ン機10台が使用された。1912年にはさらにディーゼルを動力とする織布工場
大業昌と広業の2工場が操業し[11]、同年の奉天における綿織物業者は41工場、
従業員522人に達した[12]。このように1910年代前後、東北地域の都市と県城
において、続々と織布工場が操業を開始し、生産規模を拡大した。

　その後、第一次世界大戦期になると、「戦時に於ける綿織物価格の高値に恵
まれ此種工業は成功し異常なる繁栄を見」[13]た。綿織物価格の騰貴と1915年
の21ヵ条問題によって引き起こされた「国貨提唱」・「日貨排斥」などの国産
奨励運動が東北地域の綿織物業の発展の契機となり、東北市場の綿布製品は
「国産」に一変し、現地業者による愛国布[14]の産出が盛んになった。奉天・営

口などの東北地域の主要綿織物生産地では、農家副業的な綿布生産から専業としての綿布工場生産への移行を図るものが続出した。奉天では、1915 年に織布工場 100 余、織機 7,400 余台に達し、機械織布工場に限ってみても、1917年に 4 工場だったのが 1918 年には 11 工場にも増加した。一方、営口では1916 年資本金 1,000（現大洋）元以上の織布工場は 6 工場、1917-1918 年に織布工場成立ブームを迎え、織布業に依存して生計を立てるものは 1 万人以上にのぼった [15] という。

　東北地域では、近代的な紡績工場の創立は 1921 年の奉天紡紗廠からである。同廠は後述するように、軍閥主導下で官商合弁により設立された東北地域随一の中国人資本紡績会社である。1921 年に設立され、1923 年に営業を開始し、資本金奉大洋 450 万元、紡機 2 万錘（アメリカ製）、織機 200 台であり、紡績を主業務としつつ織布も兼営していた。操業開始後、1923-1926 年の利潤は1923 年 30 万元、1924 年 56 万元、1925 年 143 万元、1926 年 167 万元に達し、経営は順調であった [16]。

　1920 年代において、奉天紡紗廠以外にも奉天には中小規模の織物工場がさらに数多く創設された。1924 年の調査によれば当時奉天市内には 157 の織物工場があった。そのうち、規模の大きいものは日本で染色技術を学んだ経験のある陳維則を発起人とし、張作霖と親交のある代表的な実業家張恵霖の援助を得て1924 年 9 月に設立された奉天東興色染紡織公司（資本金奉大洋 16 万元、1926年開業）がある。同廠は開業時の職工数 2,000 余人、主業務は染色業であるが綿布生産も行った。1926 年の年間綿布生産量は大布 10 万匹にものぼった [17]。さらにほかの調査によれば、1927 年に奉天の中小織物工場は 300（統計範囲は織機 3 台以上）にのぼった。小規模零細工場がほとんどであったが、天増東（職工数 100 余名）などの規模の比較的大きいものも出現した [18]。生産技術の側面では、日本輸入自動足踏機と国内改良足踏機の混合使用がみられ、製品では格布、花旗布、条布などの新品種の開発に成功してその製品は奉天市場やその背後地のみならず、一部はロシアにも輸出された [19]。奉天市以外の県城地域の織布工場については、海城県は 1922 年に 85、西豊県は 1928 年に 33、新民県はとりわけ多く、1926 年に 300 余工場、織機 1,200 余台、職工数 2,000

60

人を超えた[20]。

第2節　奉天における綿織物業の特徴

　奉天の綿織物生産額は東北地域各都市合計の57％（1932年）も占めており[21]、東北地域の綿織物生産の中心地であった。本節では満州事変直前の奉天の綿織物業の特徴をさらに検討していこう。

　前述したように、奉天の綿織物業は1920年代に目覚ましい発展をみせていた。ここでは、1928年の奉天における中小綿織物業者名簿「奉天に於ける支那側綿織物業者一覧」を用いて1920年代末の中国人中小綿織物業の分析を行いたい。同名簿は、奉天居住日本人工業者からなる工業者懇話会が1928年2月中旬に行った調査に基づいたものである。それによれば、1928年2月現在、中国人織物工場数174、その資本金現大洋32万余元、使用職工総数3,400余人、使用機台数3,300余台、生産見込高1日約6,000疋、「総体としては相当有力なる実勢力を保持しつつあ」るとされている。これら織物174工場のうち、調査不可能なものが20あり、残りの154について所在地、営業年数、資本金、動力、機台数、職工数、製品種類、生産能力などの情報が掲載されていた[22]（本章末の付表2-1参照）。表2-5は付表2-1に基づき筆者が作成したものである。

1.　規　　模

　まず、奉天の綿織物業の規模をみてみよう。表2-5によれば、全工場数154中、1ヵ年生産能力5万疋以上の工場が8、平均資本金は現大洋2万4,900元である。これに対し、2万疋以上5万疋未満の工場は29、平均資本金は2,300元しかない。表示していないが、2万疋以上5万疋未満工場の内訳では、3、4万疋台の工場はほとんどなく、2万疋台に集中していた（付表2-1参照）。一方で、生産能力1.5万疋以上2万疋未満の工場が56、1.5万疋未満の工場は61

表 2-5　1928 年の奉天における中小綿織物業の概況

1ヵ年生産能力別	工場数		平均資本金（現大洋元）	1ヵ年生産能力		職工数（人）		創業年次別工場数		電力工場数		平均機台数（台）	
	（工場）	（%）		（万疋）	（%）	合計	平均	1915-1921 年	1922-1924 年	（工場）	（%）	電力	人力
5 万疋以上	8	5.2	24,900	65	21.8	581	73	2	1	7	87.5	55	13
2 万疋以上 5 万疋未満	29	18.8	2,300	69	23.2	701	24	13	12	21	72.4	14	10
1.5 万疋以上 2 万疋未満	56	36.4	600	95	31.9	571	10	20	36	50	89.3	11	2
1.5 万疋未満	61	39.6	600	68	22.8	1,311	21	15	46	5	8.2	1	14
全工場	154	100.0	2,071	298	100.0	3,164	21	50	95	83	53.9	10	9

出典：本章末「付表 2-1」に基づき筆者が作成。なお、「付表 2-1」は「奉天支那側綿織物業の現況」外務省通商局『週刊海外経済事情』第 2 号、1928 年、7-15 頁より引用。

あり、両者あわせると、全体の 76.0％も占めている。これらの工場の平均資本金はわずか 600 元であり、規模はきわめて小さい。

平均職工数でみると、5 万錘以上の工場が 73 人を有しているのに対し、2 万錘以上 5 万錘未満の工場は約その 3 分の 1 に当たる 24 人しかなく、両者の間には格差があると考える。生産能力 2 万錘未満の工場の職工数は 10 人しかなく、1.5 万錘未満の工場では、平均職工数 21 人であり 2 万錘未満の工場に比べると職工数はむしろ多い。これらの工場のほとんどが人力工場であることによるものであろう。

2. 立地と創立年次

奉天市の行政区画および付表 2-1 名簿に記載されている工場所在地情報に基づき、綿織物工場の分布上の特徴として以下の 2 点を挙げておきたい。1 点目は、中小綿織物業は 154 工場中、53.2％（82 工場）が旧市街の小北関、大北関、小北辺門に集中していたこと、2 点目は、城内の城壁に囲まれた地域、商埠地、鉄西区に立地する工場は皆無である。

筆者は序章で先行研究が使用している『関東局統計三十年誌』によって中国人商工業者の動向が読み取れないことを指摘した。その背景には、中国人綿織物業を事例にみたように、『三十年誌』が統計範囲とする満鉄附属地に中国人工場はまったく分布しておらず、多くは旧市街の周辺に立地していたからである[23]。

次に、綿織物業者の生産能力別に創業年次をみよう。全工場 154 中、145 工場は 1915-1924 年の間に創業したもので、生産能力 5 万錘以上の工場は 19 世紀末に設立されたものもあるが、小規模・零細規模の 2 万錘以下の工場はすべて 1915 年以降、とりわけ 1922-1924 年に創業されたことがわかる。

すでに触れたように、第一次世界大戦期の綿織物価格の騰貴と 1915 年以降に展開された「国貨提唱」・「日貨排斥」などの国産奨励運動が追い風となり、奉天や営口などを中心とする東北地域の南部地方では綿織物生産が盛んになった、とくに奉天は人口密度が高く、綿花の産地である営口、錦州、遼陽に隣接

していたため、主要紡織地の一つに発展した。1915年以降、奉天では兼業農家の綿布生産規模が拡大し、専業に変容するものが続出して、力織機の使用も急増した[24]。

1922-1924年の2年間は綿織物業者創業数が最も多かった時期である。この時期は張作霖政権下の「保境安民」期にあたる時期であり、殖産興業政策、インフラ整備が実施された時期でもある[25]。官商合弁（実質官営資本）の奉天紡紗廠の創設や数多くの綿織物業がこの時期に勃興した。張作霖政権が奉天省財政庁出資250万元、奉天省各県強制出資200万元、計奉大洋450万元の資本金をもって奉天紡紗廠を創設し[26]、しかも同廠に対して東北産原棉の独占をはじめとする特権の付与を図った結果、同廠は順調な発展を遂げた[27]。後述するように、同廠は中小綿織物業者への原料綿糸供給において大きな役割を果たすのである。「保境安民」期の勧業政策が中小綿織物業生産者の創業や成長を促進したと考えられよう。

3. 中小綿織物業の電化

1920年代初頭の奉天では手織機のバッタン機がよく使われていたが、漸次足踏機に移りつつあった。当初、足踏機は日本からの輸入自動足踏式織機が多くみられた。しかし、その後東北地域内において日本製のものを模倣して生産された改良足踏機が漸次普及し、旧式手織機は駆逐された[28]。

1924年には、奉天紡紗廠を除いて電力工場はわずか3工場に過ぎなかったが[29]、1928年には工場総数154のうち電力工場（力織機使用）[30]は83となり、53.9％を占めた（表2-5）。わずか4年間で著しく電化が進展しており、1920年代中小綿織物工場の叢生をみたのはこの電化に負うところが大きいといえよう[31]。

さらにその内訳をみると、1.5万疋以上の工場では電力使用工場が平均70％を上回った。生産能力5万疋以上規模の工場において電力機台数は55台であり、それ以下規模の工場では10-20台がほとんどで、全工場の平均数字をみても、電力機台数10台、人力9台であった。電力を使用するようになったと

はいえ、その規模はまだ小規模にとどまっている。

なお、この電化によって導入された織機は当初は日本豊田式であったが、「織機器中、木製は通化（安東省…引用者）に於いて製作し、一台小洋40元内外、織機は奉天及安東に於いて製作し、一台寛面機300元、狭面機180元内外なり」[32]と記されているように、次第に奉天あるいは安東で生産されるようになった。別の資料では、1928年現在奉天最大染色兼営織布工場東興色染紡織公司は豊田式織機50台、奉天天増利機械廠製の織機30台、奉天万順鉄工廠製のバッタン機5台を有し、50馬力の電動機で生産をしたという[33]。

第3節　奉天紡紗廠と中小綿織物業

1. 奉天紡紗廠の原料綿糸供給

奉天の綿布生産において中心的な役割を果たしていた奉天紡紗廠と中小綿織物業者の関係を明らかにしたい。ただし残念ながら資料の限界もあり、本節では、中小綿織物業にとって奉天紡紗廠がどのような存在であったかを、紡紗廠の原料綿糸供給および綿布生産の側面からみるにとどめざるをえない。

1920年まで、東北地域の綿布生産の原料調達はほぼ輸移入綿糸に仰いでいた。しかし、20年代に入ると、「満洲四大紡績」（奉天紡紗廠および日系資本の満洲紡績会社、内外綿金州工場、満洲福紡会社の4社）の綿糸生産の拡大に伴って輸移入綿糸量が逐年減少し、すでにみたように、1920年代末には、東北地域全体では綿糸生産量は輸移入量とほぼ拮抗するようになった。

東北地域で生産される綿糸の種類は10、12、16、20、40番手などであるが、16番手が最も多い[34]。こうした中で、奉天紡紗廠の綿糸製品は16番手と20番手を中心とし、群小工場が消費する種々の綿糸を生産していた。表2-6で確認できるように、1920年代後半において、その生産額も四大紡績綿糸生産合計に占める割合も年々増加している。四大紡績のなかでも、16番手、20番手の綿糸の生産量は同社が最も多かった。

奉天紡紗廠の綿糸製品は1926-1929年においておよそ3,40％が奉天市内に販

第2章　1920年代の奉天における中国人綿織物業　*65*

表 2-6　1926-1929 年「満洲四大紡績」の綿糸製品比較

（単位：梱）

綿糸	年次	奉天紡紗廠		満洲紡績		内外綿		満洲福紡		合計	
16 番手	1926	12,516	40%	6,018	19%	7,639	24%	5,468	17%	31,641	100%
	1927	14,116	41%	9,395	27%	3,504	10%	7,437	22%	34,452	100%
	1928	15,614	44%	6,641	19%	5,428	15%	7,437	21%	35,120	100%
	1929	19,281	47%	11,377	27%	2,063	5%	8,672	21%	41,393	100%
	計	61,527	43%	33,431	23%	18,634	13%	29,014	20%	142,606	100%
20 番手	1926	1,210	15%	1,358	17%	5,397	68%	−	−	7,965	100%
	1927	1,305	43%	277	9%	449	15%	1,001	33%	3,032	100%
	1928	1,511	58%	−	−	−	−	1,100	42%	2,611	100%
	1929	1,502	45%	−	−	−	−	1,837	55%	3,339	100%
	計	5,528	33%	1.635	10%	5,846	34%	3,938	23%	16,947	100%

出典：満鉄調査課『満洲の繊維工業』1931 年、38-49 頁より作成。

売され、長春、四洮路を合せ、1926 年時点では 71％がこれら 3 地域に販売されていた。しかし、年々市場は広がったようで、1929 年には依然として奉天で31％が消費されたが、3 地域以外への販売が過半を占めるにいたった[35]。記録資料からも奉天紡紗廠綿糸製品の販路が広く、奉天およびその後背地の中小綿織物業が紡紗廠綿糸を多量に使用していたことがうかがえる。例えば 1930 年、奉天中小綿織物業が使用していた綿糸の大部分は奉天紡紗廠製品であった[36]。また、奉天省新民府における綿織物業でも、奉天紡紗廠の綿糸が最も多く使われていたと記されている[37]。

　奉天紡紗廠の綿糸が使用されたのは、次の二つの資料から明らかなように比較的安価で供給されたからである。たとえば、当時安東の綿織物業の発展およびその要因について次のように指摘されている。「安東に於て、明治四十二、三年頃から大正三四（ママ）年頃迄は僅かに二、三の織布工場があったのみで、当地及附近の需要綿布は日本、上海方面から輸移入されて居たが、大正八、九年頃から漸次其の数を増加し、殊に遼陽、奉天に紡織工場の創設せらるると同時に従来の製品の粗布金巾等に適する綿糸を低廉に供給されるに至って、当地に於ける織布工場は急速に発展し」[38]と。また、「その（東北生産綿布製

品の…引用者）需要熱は…（中略）…相当旺盛を極めている。就中近年支那側
奉天紡紗廠初め域内日本紡績工場が割安な原糸を供給し出して以来、更に一段
の発展を遂げしものの如く、最近は輸移入粗布、大尺布の一大強敵をなすに
至った。（中略）現在その生産果して幾許なりやは、（中略）到底正確な数字は
不明であるが、輸移入綿糸及生産綿糸の数量から推せば、実に恐ろしき巨額に
及ぶと思はれる」[39] と記されている。

　奉天およびその後背地における中小綿織物業の綿布生産に、奉天紡紗廠を中
心とする東北域内の紡績工場は安価な綿糸供給において大きな役割を果たした
といえよう。

2. 奉天紡紗廠の綿布生産と中小綿織物業

　奉天紡紗廠は綿糸と同時に綿布生産も行っていた。そこで奉天紡紗廠の綿布
製品とその他中小綿織物業者の製品がどのような関係にあったのかについて検
討してみたい。結論からいうと、綿布生産において、両者の間では競合する一
面も持っているが、この側面をとくに過大評価すべきではないと考える。その
理由は、主力製品が異なっていたからである。

　表2-7で同工場の綿布生産についてみると、奉天紡紗廠の綿布生産量は
1926-1929年までのわずか3年で大幅に増加したが、粗布が約80-82%、細布
が約18-20%を占める構造は変化しなかった。それに対し、奉天紡紗廠以外の
中小綿織物業者の綿布製品は、1929年度生産量合計114万疋（100%）のう

表2-7　奉天紡紗廠の綿布生産額（1926-1929年）

（単位：疋）

年次	粗布		細布		合計
1926	137,521	81%	32,355	19%	169,876
1927	152,132	81%	35,143	19%	187,275
1928	182,633	82%	41,351	18%	223,984
1929	191,320	80%	46,873	20%	238,193

出典：満鉄調査課『満洲の繊維工業』1931年、38頁より作成。

第2章　1920年代の奉天における中国人綿織物業　*67*

表 2-8　東北地域の綿布生産高（1935 年）

生産者別	大尺布		粗布		細布		綾木綿		縞木綿		その他	計
	（千反）	（%）	（千反）	（%）	（千反）	（%）	（千反）	（%）	（千反）	（%）		
三大紡績	360	9.1	341	38.3	531	99.7	0	0.0	0	0.0	不明	1,232
中小業者	3,575	90.9	549	61.7	2	0.3	200	100.0	130	100.0	不明	4,456
合計	3,935	69.2	890	15.6	532	9.4	200	3.5	130	2.3	1,232	5,687

出典：産業部大臣官房資料科『綿布並に綿織物工業に関する調査書』1937 年、10 頁
　　　より作成。
　注：(1) 三大紡績は満洲紡績（遼陽）、奉天紡紗廠（奉天）、営口紡績（営口）を指
　　　　す。
　　　(2) 三大紡績、中小業者の比率は合計に対する比率。合計の比率は品目別
　　　　計に対する比率。

ち、大尺布（大布、土布とも呼ばれる）85 万疋（75%）、粗布 15 万疋（13%）、
その他 14 万疋（12%）である。奉天紡紗廠のと比較すると、大尺布を主に生
産していたことがわかる。粗布に関していえば、製品における割合が少ない
が、奉天紡紗廠に匹敵するほどの生産量を有していた。奉天のこういった紡紗
廠と中小業者の間にみられる綿布製品の違いは東北地域全体でも確認できる。
年次は満州事変後になるが、表 2-8 によると、大尺布はもっぱら中小綿織物業
者が生産しており、細布生産は織布兼営紡績工場が中心をなしていた。
　綿布の品質と用途でいうと、大尺布と粗布はいずれも 16 番手を原料とし、
地質が厚く、農夫、軍人、労働者などの常衣の表と裏、布団地などに使用され
ていた。粗布は広幅織機を用いて、織上が幅 36 寸、長 40 碼、重量 13 封度半
であるのに対し、大尺布は小幅機を用いて織上が幅 18 寸、長 20 碼ないし 22
碼、重量 5 封度ないし 5 封度半である。粗布は長春、哈爾濱などの奥地の製粉
業者の麦粉袋として供給されていたが、大尺布はそういった用途はなかった。
一方、細布は生金巾のことであり、地質精緻かつ薄地であるため、常衣、襦
袢、足袋、靴下底などに使用され、染色して上等な夏衣に作ることは主要な用
途であったという[40]。
　奉天への大尺布と粗布の輸移入は、1919 年をピークとして[41] 表 2-9 のよ
うに 20 年代に入り激減し、23 年には大尺布も粗布も輸入綿布合計に占める割

表 2-9　奉天の輸入綿布累年比較（1921-1924 年）

（単位：梱）

年次	綿布合計		大尺布		粗布	
	輸入量	指数	輸入量	指数	輸入量	指数
1921	47,261	100	13,001	100	8,360	100
1922	44,574	94	11,638	90	7,867	94
1923	38,950	82	4,747	37	3,446	41
1924	36,996	78	4,363	34	3,144	38

出典：満鉄興業部商工課『南満洲主要都市と其背後地（奉天に於ける商工業の現勢）』1927 年、184 頁より作成。

合はいずれも 10％前後に落ち込んでいる。奉天の人口は 1910 年代の初頭には 17 万人、1923 年 20 万人、1925 年 31 万人に激増した[42] にもかかわらず、輸入綿布が激減しているという事実は、奉天域内の綿布生産量が増加したことを意味すると思われる。1930 年に奉天駅に到着した輸入大尺布量は約 3 万 8 千疋、粗布約 5 千疋[43] であった。年次が違うが、1929 年に奉天大尺布生産額（奉天紡紗廠と中小綿織物業との生産額の合計）85 万疋、粗布が 34 万疋であることから、奉天で需要の最も多い大尺布と粗布はほぼ奉天において生産されていたと考えられよう。

　以上みてきたように、奉天の綿布生産は兼営織布を行う奉天紡紗廠とその他中小綿織物業者が主な担い手となり、その製品は下級生地綿布の大尺布と粗布を中心としていた。1920 年代、奉天の人口の激増にもかかわらず、輸入大尺布と粗布製品は大幅に減少し、1930 年には、奉天およびその後背地で消費されている下級生地綿布製品は輸入品ではなく、ほぼ現地工場によって供給されていたのである。

　奉天紡紗廠とその他中小綿織物業者との関係についていうと、奉天紡紗廠を代表とする東北域内の織布兼営紡績工場は、中小綿織物業者に安価な原料綿糸を供給し、その発展を促進した。綿糸生産者であると同時に綿布生産者でもある奉天紡紗廠は、綿布製品の種類や生産量において、中小綿織物業者との間に差異があり、棲分けが行われていため、競合関係に立つことはあまりなかったのである。

小　　括

　1920 年代における中国東北地域の綿布に関する従来の研究では、東北地域における中国人綿織物業は未発達で、東北地域では綿布をほとんど輸入に依存しているというのが通説であった。しかし、その論拠となった統計は誤っており、実際には 1920 年代後半、東北地域で生産された綿布は東北綿布市場において 3 割以上を占め、輸入生地綿布と対抗しつつ一定の発展を遂げていた。これは 1920 年代においての東北地域の都市と県城にみられる織布工場の設立や織機設置・職工雇用状況などの事実からも確認できる。

　東北地域の最大の綿布生産地は奉天であった。1921 年、奉天紡紗廠の設立（1923 年操業開始）と中小綿織物業の発展に伴って、工場による綿布生産が大きく増大した。とりわけ「保境安民」期に工場数が増えた。奉天の中小織物業者は旧市街の北部と西部に集中し、その大部分はきわめて零細であった。その生産は当初、バッタン機や足踏機によって行われていたが、1920 年代半ば頃から中小綿織物業の間で電化が進み、1928 年の時点で、大部分の工場で電力が使用されるに至っている。この電力工場の増大が中小工場の生産量の拡大を支えたと考えられよう。

　1920 年代の奉天紡紗廠を中心とした紡績工場の発展は中小綿織物業に廉価な原料綿糸を供給し、その発展を促進した。一方、紡績工場の兼営綿布生産は、中小綿織物業にとってその発展を抑圧する存在になったと評価されてきた。しかし、中小業者の生産では大尺布を主としており、兼営綿布と製品が異なっていたため、奉天紡紗廠と中小綿織物業は競合関係にはなく、棲分けが行われていた。したがって奉天紡紗廠は中小綿織物業の発展を抑圧してはいなかった。

　なお、本章では、流通過程にかかわる諸問題については触れなかった。零細な綿織物業者が生産を継続できたのは流通過程を担う強大な「糸房」（綿糸布商）の存在を不可欠としていたが、この綿糸布商の存在形態や綿織物業者、あるいは日本人商人との関係などについては第 5 章で詳述する。

付表2-1　奉天における中国人綿織物業者名簿（1928年2月中旬調査）

NO.	商号	所在地	資本金（現大洋百元）	一ヵ年能力（百疋）	職工数（人）	営業年数（年）	動力	機台数（台）	製品種類
1	純益公司	大北関	480	610	42	10	電力	60	奉綢
2	慶合福	小北関	100	210	45	24	人力	30	大布
3	天興増	大北関	100	790	39	10	電力	55	大布
4	福合東	大北関	50	500	25	21	電力	35	大布
5	公興昌	小北関	50	210	45	11	人力	30	花布・大布
6	隆華裕	小西関	100	320	21	5	電力	30	大布・番布
7	合興茂	大北関	20	280	14	16	電力	20	大布
8	世興徳	小北関	10	300	29	4	人力	20	花布
							電力	10	
9	復興永	大西関	6	240	14	5	電力	20	大布
10	福盛東	大北関	4	100	7	5	電力	10	大布
11	同順陞	小北関	4	170	8	6	電力	12	大布
12	興順長	大北関	4	140	30	4	人力	20	大布
13	順発永	小北関	5	170	7	6	電力	10	大尺布
14	増興源	小北関	10	200	14	5	電力	20	大布
15	同慶陞	小北関	10	170	8	4	電力	12	大布
16	福徳盛	小北関	10	220	14	5	電力	20	大布
17	慶順陞	小北関	20	220	14	5	電力	20	大布
18	巨生永	小東関	12	190	11	7	電力	15	大布
19	同茂陞	小北関	12	140	30	5	人力	20	花布
20	興盛工廠	小東関	10	180	11	6	電力	15	綿毯
21	同盛工廠	小北関	8	100	18	5	人力	12	大布
22	復順永	大西辺門	6	170	8	5	電力	12	大布
23	福順永	大西辺門	5	170	8	6	電力	12	大布
24	正昌永	大西辺門	8	170	8	7	電力	12	大尺布
25	義泰永	大西辺門	5	190	10	5	電力	14	大布
26	合興永	大西関	5	170	8	7	電力	12	大尺布
27	恒隆慶	大北辺門	5	150	8	5	電力	12	大布
28	裕盛泰	大西関	5	170	8	6	電力	12	大尺布
29	同順利	小東関	8	92	8	4	電力	12	大布
30	同聚陞	小北関	6	90	15	4	人力	10	大布
31	北合生	大北関	5	170	8	4	電力	12	大布
32	同利永	小北関	5	92	15	4	人力	10	大尺布

33	同順東	小東関	5	92	15	10	人力	10	大尺布
34	永増祥	大北関	5	92	15	7	人力	10	大尺布
35	四合盛	大北関	15	240	14	4	電力	20	大布
36	天順陞	大北関	10	170	8	10	電力	12	大布
37	福合増	小北関	5	100	23	5	人力	15	大尺布
38	天増永	大南関	6	72	15	7	人力	10	大尺布
39	富興東	大北関	4	170	8	5	電力	12	大布
40	天興源	大南関	5	140	30	4	人力	20	花布
41	天盛湧	大南関	3	100	23	7	人力	15	大布
42	協順茂	大北辺門	5	72	15	5	人力	10	大尺布
43	信泰永	大西関	3	140	30	5	人力	20	大布
44	永増祥	大西関	5	140	30	7	人力	20	大布
45	益順長	大北関	4	100	23	6	人力	15	大布
46	同合盛	小北辺門	5	140	30	5	人力	20	大布
47	天増永	大西関	5	140	30	9	人力	20	大布
48	重巨泰	小北関	5	140	30	8	人力	20	大尺布
49	義和祥	小北関	5	170	8	7	電力	12	大尺布
50	徳慶増	小北関	5	170	30	7	人力	20	大布・花布
51	永興源	小北関	3	100	23	5	人力	15	花布
52	福慶長	大南関	5	170	8	6	電力	12	大布
53	徳発祥	小西関	50	200	45	4	人力	30	大尺布
54	徳生福	大北関	6	300	75	13	人力	50	大尺布
55	恵工公司	大東関	500	1,500	160	21	電力	130	大布
56	習芸所	大南関	300	600	170	16	人力	85	花布
57	天増利	小北関	100	900	68	26	電力	50	大布・花布
							人力	22	
58	至誠永	小北関	200	860	42	35	電力	60	大布
59	利順興	小東関	30	280	14	5	電力	20	大布
60	瑞源陞	小北関	30	280	14	11	電力	20	大布
61	重盛源	大北関	30	210	45	5	人力	30	大布
62	永興利	小東関	50	210	45	9	人力	30	大布
63	東興信	小南関	20	280	14	9	電力	20	大布
64	徳玉永	小北関	20	210	45	14	人力	30	花布・大布
65	鴻興順	小北辺門	6	170	8	4	電力	12	大布
66	源茂生	小北関	5	210	11	5	電力	15	大布
67	利順永	大西関	5	170	8	4	電力	12	大布
68	徳順公	小西関	5	100	15	5	人力	10	花布
69	天増順	大北関	5	170	8	5	電力	12	大布

70	増興源	小北辺門	5	150	11	8	電力	15	大布
71	同興増	小東関	4	140	30	6	人力	20	大尺布
72	洪茂長	小北関	4	140	30	7	人力	20	大尺布
73	永陞祥	小西関	7	170	8	4	電力	12	大尺布
74	鄧機房	小南関	6	170	8	7	電力	12	大尺布
75	恒慶陞	大西関	5	170	7	4	電力	10	大尺布
76	恒順泰	大西関	4	170	8	7	電力	12	大尺布
77	顔機房	大西関	4	170	8	4	電力	12	大尺布
78	王機房	小北関	10	200	14	5	電力	20	大布
79	李機房	小北辺門	5	140	30	6	人力	20	大尺布
80	重発祥	小北辺門	10	170	7	5	電力	10	大布
81	郭機房	小南関	5	140	30	6	人力	20	花布
82	同利成	大西関	5	110	23	4	人力	15	大布
83	和興永	大西関	4	140	30	6	人力	20	大布
84	恒隆興	大西関	5	170	8	5	電力	12	大布
85	至誠信	小南関	12	250	15	10	電力	20	大布
86	長順合	小南関	15	140	30	6	人力	20	花布
87	鄭機房	大北関	10	150	8	7	電力	12	大尺布
88	德順興	大北関	10	150	8	8	電力	12	大尺布
89	天増源	小北関	10	240	14	8	電力	20	大布
90	楊機房	大西関	10	190	23	4	人力	15	大尺布
91	源順興	小南関	8	120	11	4	電力	15	大尺布
92	同会成	大南関	8	90	15	7	人力	10	大尺布
93	興順茂	大南関	7	90	18	6	人力	12	大尺布
94	茂記工廠	小北関	7	90	15	6	人力	10	大尺布
95	長順合	大東関	8	90	15	7	人力	10	花布
96	同興泰	大西関	6	200	14	10	電力	20	大布
97	福茂永	大西辺門	6	170	8	4	電力	12	大尺布
98	福盛永	大西辺門	5	170	8	6	電力	12	大尺布
99	三合永	大西関	5	170	8	4	電力	12	大尺布
100	双興永	大西関	5	170	8	5	電力	12	大尺布
101	恒隆茂	大西関	6	190	10	8	電力	14	大尺布
102	鴻盛興	小北関	5	140	7	4	電力	10	大尺布
103	永德興	小北関	5	140	7	6	電力	10	大布
104	洪順恒	大西関	7	90	15	5	人力	10	大尺布
105	福盛東	小東関	7	90	15	6	人力	10	大布
106	德玉恒	小北関	6	90	15	4	人力	10	大布
107	恒順永	小北辺門	6	170	18	5	人力	12	大布

108	吉順恒	小南関	5	92	15	5	人力	10	大尺布
109	双盛永	大西関	5	92	15	4	人力	10	大尺布
110	恒隆豊	大西関	5	90	15	6	人力	10	大尺布
111	李機房	大西関	8	170	8	4	電力	12	大布
112	天発祥	大北関	5	92	15	6	人力	10	大尺布
113	源発永	大北関	5	210	11	7	電力	15	大布
114	義春和	大北関	5	170	8	6	電力	12	大布
115	源豊隆	大北関	5	170	8	7	電力	12	大布
116	北合生	大北関	30	210	14	21	電力	20	大布
117	同義生	大北関	10	240	14	8	電力	20	大布
118	三盛永	大北関	6	140	30	5	人力	20	大尺布
119	同聚祥	大北関	10	170	8	4	電力	12	大尺布
120	張機房	小北辺門	10	140	30	5	人力	20	大尺布
121	双合盛	大西関	60	720	35	4	電力	50	大布
122	順発永	小北辺門	5	100	23	6	人力	15	大尺布
123	天巨隆	大南関	6	170	8	9	電力	12	大布
124	曹機房	大南関	5	170	8	4	電力	12	大布
125	孫機房	小南関	5	170	8	4	電力	12	大布
126	劉機房	小南関	5	280	14	10	電力	20	大布
127	李機房	小南関	4	210	45	8	人力	30	大布
128	徳利永	小南関	5	140	30	4	人力	20	大布
129	恒隆順	大西関	5	170	8	4	電力	12	大布
130	天増広	大西関	4	170	8	5	電力	12	大布
131	復順永	小北関	5	240	14	10	電力	20	大布
132	福順利	大北関	5	170	8	7	電力	12	大布
133	徐機房	小北関	3	72	15	8	人力	10	大布
134	福盛永	大北関	3	170	8	9	電力	12	大布
135	段機房	小北辺門	4	170	8	5	電力	12	大布
136	宋機房	小南関	4	140	30	4	人力	20	花布
137	天利永	大西関	5	170	8	5	電力	12	大尺布
138	王機房	大西関	12	140	30	10	人力	20	大布
139	海茂永	大西関	5	140	30	5	人力	20	大布
140	同発泰	大北関	4	140	30	6	人力	20	大布
141	万順利	大北関	4	100	23	5	人力	15	大布
142	東盛興	大北関	4	72	15	4	人力	10	大布
143	董機房	小北辺門	3	72	15	5	人力	10	大布
144	天順福	小北辺門	5	140	30	7	人力	20	花布
145	三盛永	大北関	3	100	23	4	人力	15	大尺布

146	千機房	大北関	5	170	8	12	電力	12	大尺布
147	同生興	大北関	5	150	30	10	人力	20	大尺布
148	興盛源	大北関	5	100	23	11	人力	15	大尺布
149	同義陞	大北関	6	140	30	10	人力	20	花布
150	双和祥	大北関	6	170	8	11	電力	12	大布
151	劉機房	大西関	5	170	30	7	人力	20	花布
152	広順増	小北辺門	6	170	30	6	人力	20	大布
153	王機房	大東辺門	5	100	23	6	人力	15	大布
154	信泰永	大西関	3	12	15	5	人力	10	大布
以上 154 工場計			3,142	29,716	3,164			2,852	
その他調査不可能 20 工場計			45	120	270			180	

出典：「奉天支那側綿織物業の現況」外務省通商局『週刊海外経済事情』第 2 号、1928 年、7-15 頁。

注

1) 満鉄経済調査会『満洲経済年報』改造社、1934 年版、116-130 頁。塚瀬進「中国東北綿製品市場をめぐる日中関係」中央大学『人文研紀要』11 号、1990 年 8 月、145 頁。

2) 前掲『満洲経済年報』1934 年版（123 頁、129 頁）は長春貨物取扱所『満洲ニ於ケル綿糸布事情』からの引用であると記している。同資料は 1932 年 10 月に出版されたものである。

3) 満鉄経済調査会『満洲産業統計』1932 年、99 頁。本統計は、原則として 5 人以上の職工を使用し、設備を有し、または常時 5 人以上の職工を使用する工場をもって調査範囲としている。それによれば、1932 年満洲綿布生産工場 244、年間綿布生産量 253 万 7,617 疋（約 500 万反…引用者）である。

4) 他に多少の細布も生産している。東北で生産された粗布、細布、大尺布はすべて生地綿布を指している。満洲輸入組合聯合会『満洲に於ける金巾、粗布及大尺布』（1936 年、26 頁）によれば、粗布は花旗布（Sheeting）、大尺布は大布、土布（Imitation Native Cotton Cloth）、細布は生金巾（Grey Shirting）である。

5) 西川喜一『綿工業と綿糸綿布』上海日本堂書房、1924 年、505 頁。また、「満洲に輸入する綿糸布の種類及解説（下）」（奉天商業会議所『奉天商業会議所月報』54 号、1917 年 5 月）によって換算しても同じ結果となる。

6) 前掲『満洲に於ける金巾、粗布及大尺布』（1936 年、143 頁）によると、1 俵綿糸は 40 玉である。また満鉄調査課『満洲の繊維工業』（1931 年、25 頁）によると、「日本品は 1 梱＝40 玉で 200kg」であり、「上海品は 1 梱＝40 玉で 198kg」である。要するに、綿糸の場合は 1 俵＝1 梱＝40 玉≒200kg とみなせる。

第 2 章　1920 年代の奉天における中国人綿織物業　75

7)　向井清二『日満支の商品』（満洲帝国政府特設満洲事情案内所、1939 年、147 頁）によれ
ば、1 俵＝ 1/2 梱＝ 200 ポンド、綿糸 1 玉＝ 10 ポンド。また前掲『奉天商業会議所月報』（56
号、1917 年 7 月、26 頁）によれば、「綿糸の荷造は 1 玉 10 ポンドを紙包となせるもの 20 玉
を以て 1 俵となし之を布包とし更に 2 俵を合せて鉄輪締めとし且つ釣庇を防止する為め藁縄
を以て襷となせり之を 1 梱と称す」という。これも傍証となる。

8)　「奉天輸入綿糸布状況（二）」（前掲『奉天商業会議所月報』1916 年 9 月、30 頁）によれば、
土布とは、もともと「支那内地各所に産する綿布類の総称にして、大尺布、中尺布、清水布
等」を含んでいるが、東北地域では中尺布、清水布はほとんど生産されていない。したがっ
て、ここでは土布を大尺布として考える。

9)　前掲『満洲に於ける金巾、粗布及大尺布』、143 頁。「綿糸布の新需要期市況」外務省通商
局『日刊海外商報』第 1010 号、1927 年 11 月 15 日、1,144 頁。

10)　満洲三大工業は、油房業（大豆油生産）、製粉業（「磨房」や「火磨」）と酒類生産を主と
する醸造業（主に「焼鍋」と呼ばれる高粱酒製造）である。この点については、張暁紅「満
州事変期における奉天工業構成とその担い手」（九州大学『経済論究』第 120 号、2004 年 11
月）を参照されたい。

11)　瀋陽市人民政府地方志編纂辦公室『瀋陽市志』第 5 巻、瀋陽出版社、1994 年、353 頁。

12)　遼寧省統計局『遼寧工業百年史料』遼寧省統計局印刷廠、2003 年、414-416 頁。

13)　満鉄地方部農務課『満洲の綿花』1923 年、22 頁。

14)　愛国布とは日貨排斥・国貨提唱のシンボルであり、外国から輸入されていた機械製綿布
に品質、価格面で実質的に拮抗できる国産綿布のことをいう。愛国布の起源は 1905 年の対
米ボイコットにあり、勃興しつつあった新式織布業者たちの手によって改良が重ねられ、洋
布に対抗しうる国産綿布として清末民初、全国的に普及した。（林原文子「愛国布の誕生に
ついて」『神戸大学史学年報』第 1 号、1986 年、20-30 頁。）

15)　前掲『遼寧工業百年史料』、417 頁。

16)　前掲『遼寧工業百年史料』、420 頁。また満鉄庶務部調査課『満洲に於ける紡績業』1923
年、232 頁。

17)　前掲『瀋陽市志』、354 頁。

18)　前掲『遼寧工業百年史料』、420 頁。

19)　前掲『瀋陽市志』353 頁。

20)　前掲『遼寧工業百年史料』、420 頁。なお、第一次世界大戦後、日本紡績資本の中国への
進出が活発化するにつれて、東北地域における日系織布兼営紡績工場の設立も急速に増えた。
これについて第 6 章で詳しくみていくとしよう。

21)　前掲『満洲産業統計』1932 年、99 頁。1920 年代後半の東北綿織物業に占める奉天の割
合がわかる信憑性の高い資料はないため、1932 年の数字を使用した。

22)　外務省通商局『週刊海外経済事情』第 2 号、1928 年、7-15 頁。同資料によれば、名簿以

外にまだ小規模綿織物業者が20工場あり、総機台数180台、職工数270人で、年間綿布生産能力は1万2,000疋であった。

23) 序章の東北綿業に関する研究の先行研究の整理を参照されたい。

24) 前掲『遼寧工業百年史料』、417頁。

25) 「保境安民」期（1922年5月-1924年9月）における張作霖政権下の財政安定・強化策については、松重充浩「『保境安民』期における張作霖地域権力の地域統合策」（広島史学研究会『史学研究』第186号、1990年3月、210頁）に詳しい。そこでは東北において商工業振興策が積極的に展開されたことが指摘され、通信・交通網の整備、金融の安定など広い意味でのインフラストラクチャの整備・充実が強調されている。

26) 前掲『遼寧工業百年史料』、418頁。

27) 前掲、松重論文、33頁、および前掲、塚瀬論文、144頁を参照されたい。

28) 産業部大臣官房資料課『綿布並に綿織物工業に関する調査書』1937年、1頁。

29) 「満洲の支那側機業」『大日本紡績連合会月報』第391号、1925年、68頁、「満洲の支那側機業」『奉天商業会議所月報』第143号、1924年11月、2頁。この名簿の調査範囲は、職工数60名以上、機台数40台以上を有する工場である。

30) 満鉄経済調査会『満洲経済年報』（1935年、368頁）によれば、電力式は力織機のことを指しているが、簡易なものであった。

31) 満州事変前は、奉天電灯廠が奉天市の電気供給に大きな役割を果たした。同廠の1917年の発電容量は2,000KWであり、23年に2,500KW発電機一基増設し、1930年にさらに新発電所5,000KW発電機一基の運転を開始した。これは奉天における綿織物業を含めた数多くの業種の電気需要の増加を裏付けよう。大量の電気供給は、綿織物業などの電化を促進したと考えられる。ちなみに、奉天紡紗廠は自家発電を行なっていたという（満洲電気股份有限公司調査課『満洲に於ける電気事業概説』1934年、68頁）。

32) 「通化織布工業状況」外務省通商局『日刊海外商報』第577号、1926年8月18日、660頁。

33) 前掲『遼寧工業百年史料』、420頁。染色を兼営していたためか、付表2-1の織布工場名簿には登録されていない。

34) 前掲『満洲の繊維工業』、27頁。

35) 同上、39-40頁。

36) 「奉天に於ける支那側の工業（二）」奉天商工会議所『奉天商工月報』第310号、1931年、38頁。

37) 「新民府に於ける綿織業状況」外務省通商局『日刊海外商報』第932号、1927年8月26日、744頁。

38) 「安東に於ける華人経営工場の概況に就て」安東商業会議所『安東経済時報』第110号、1930年1月25日、4頁。

39) 前掲『満洲の繊維工業』、53頁。

40) 前掲『満洲に於ける金巾、粗布及大尺布』、26 頁。長春駅貨物取扱所『満洲ニ於ケル綿糸布事情』1932 年 10 月、138-139 頁。

41) 満鉄興業部商工課『南満洲主要都市と其後背地（奉天に於ける商工業の現勢)』1927 年、184 頁。

42) 奉天市公署『奉天市統計年報』各年度による。

43) 奉天駅到着数は、満洲輸入組合聯合会『満洲に於ける綾織綿布並加工綿布』1936 年、375 頁により計算した。原資料による到着数の単位は「梱」であったが、筆者は前掲『満洲に於ける金巾、粗布及大尺布』(49、51 頁）にある大尺布の場合は 1 梱＝ 60 反、粗布の場合は 1 梱＝ 20 反、1 疋＝ 2 反などの記述に基づき「梱」を「疋」に換算した。

第 3 章

1931-1936 年の満洲国の関税政策と綿業

　本章の課題は、満州事変の勃発から日中戦争に突入するまでの時期、いわゆる満洲国第一期経済建設期（1931-1936 年）の中国東北地域の綿業を、とりわけ綿織物業を関税政策面から検討することである[1]。

　満洲国は成立後 3 ヵ月で海関接収を実現し、1932 年 6 月に関税自主宣言を発した。さらに、1933 年、34 年、35 年の 3 回にわたって関税改正を実施した後、1937 年に関税法を制定した。3 度の改正はいずれも暫定的な改正とされたが、1934 年の第二次関税改正は改正品目が多数にわたり、主要品目を網羅していた。本書の対象とする綿織物に対する影響が大きかったのはこの第二次関税改正である。

　第二次関税改正は、綿布を含む綿織物に関する税率をどうするか、より根本的には日本の綿業との関係で東北綿業をどのように位置づけるかという点がその核心であった。東京で開催された日満経済統制委員会の審議過程で、日本側から関税率の引下げ要求が出る一方で、満洲国政府側から東北綿織物業の一定の保護と財政収入確保が主張されたのである。

　本章は満洲国財政部によって立案されたこの「第二次関税改正案」を分析するとともに、その審議過程をみることによって、第二次関税改正がどのような性格をもっていたのか、日本および満洲国の各政府部門が当時の東北綿業をどのように構想していたのかを明らかにする[2]。

第1節　第二次関税改正の背景とその内容

1. 背　景

　満洲国は1932年6月、関税自主宣言を発表したが、関税率は中華民国期の
ものを継続した。関税率の改正も含めた根本的な関税改正は少なくとも2、3
年の準備期間が必要であったが、財政部は「根本的改正に至る迄放任するを許
さざる事情あるものに付暫定的措置として」[3] 1933年7月に第一次関税改正
を断行した。これによって、関税率に最初の改正が加えられた。しかし、この
改正は、関東軍特務部、満鉄経済調査会の意気込みや日本の商工業者の期待に
も関わらず、主要輸入品に及ばず、ごく小幅なものにとどまった。その理由
は満洲国財政部が財政収入源に影響を与える改正に徹底して反対したからであ
る[4]。

　これに対し、1934年11月に実行された第二次関税改正は多品目にわたり、
かつ最大の輸入品である「綿及同製品」を対象としていた。「綿及同製品」は
当時の輸入税表中第一類に定められており、税番1から71番までのものを指
している。具体的に生地綿織物、漂白あるいは染色綿織物、捺染織物、雑綿織
物、棉花、綿糸、綿織糸およびほかに掲記されない綿製品などが含まれてい
る。以下ではこの第二次関税改正をみよう。

（1）国内産業の「保護」

　第二次関税改正方針の第一は、満洲国の国内産業を「保護」することにあっ
たといわれる。第二は、財政収入に占める関税収入の比重を維持するというこ
とであった。

　まず、第一の点をみると、満洲国財政部は第二次関税改正の理由を以下のよ
うに記している。

　「其の後（第一次関税改正後…引用者）当部は鋭意根本的改正に関する調査
研究を進めて来りたるが、第一次暫定的改正後一年余を閲し其の間既に貿易の

情勢著しく変化し他面国内産業政策の具体化せらるゝもの亦少からず、内外の経済事情は根本的改正迄遷延を許さゞるものあるに至れり。依て茲に関税に関する税制の整備と相俟ちて関税率の第二次暫定的改正を実施することゝしたり」[5]。

ここで満洲国財政部のいう貿易の情勢の著しい変化とは主に次のようなことを指している。従来、綿布の輸入税率は従量税と従価税があった。世界的な金本位制からの離脱、即ち銀価の相対的昂騰に基づく輸入綿布価格の下落のため、従価税品は低率課税に、従量税品は高率課税となった。この現象は対日為替の高騰以来、ますます激化して主要輸入品である綿製品において特に著しかった。従価税品が市場において有利な立場にあるため、これを利用して従価税の適用を受ける変則的新製品が大量に輸入されるようになった。いわゆる「合法的脱税」である。

具体的にこの点をみると、生地の金巾、粗布（税番1-3号、税率27.30%）および大尺布（税番8号、税率26.87%）は大衆向けの布であり、綿布輸入品中の重要な品目である。前述のように従価税が相対的に安くなったため、1934年初から、生地の金巾および粗布の経糸に僅少の染糸を使用し、糸染粗細布（税番44号）として従価10%の適用を受ける新製品の大量輸入がみられたのである[6]。また大尺布は1平方时内の糸数が115本を超えないことが要求されていたが、1934年春から115本を超える大尺布、いわゆる「大同布」を製織し、税番11の「別号に挙げざる生地の綿織物」の適用（税率10%）を受ける「合法的な脱税品」が激増した[7]。

こうした「合法的脱税」の影響を受けて、1934年粗布および大尺布を生産する東北の綿織物業者は危機的な状況に陥った。この点を次の資料によってみておこう。

1934年4月の綿織物業者の生産状態
〇奉天における大布（大尺布の同類品…引用者）の採算
「近来其市価異常ニ下落シ売行全ク停頓スルノ状態ニ立至レリ。
原料綿糸16番手1俵ヲ以テ土産大布10疋ヲ織製スルモノトシテ1疋当リ

採算

原料綿糸	1俵国幣210円（4月末相場）	1疋当	1.91円
	工資及諸掛振懸 一切		0.37円
合計	大布1疋生産費		2.28円
製品売値	奉天市内現在相場土産大布1疋		2.00円
差引損失	大布1疋ニ付国幣		0.28円」

（波線は引用者、以下は同じ）

○安東における花旗布（粗布の同類品…引用者）の採算

「原料原糸20番手1俵ヲ用ヒ花旗粗布40疋ヲ織製スルモノトシテ1疋当リ採算

原料綿糸	1俵鎮平銀170両（4月末日相場）	1疋当	4両25＝6.07円
	工資及諸掛一切 1疋ニ付		0.80両＝1.14円
合計	花旗布1疋生産費		5.05両＝7.21円
製品売価	安東市内現在相場土産花旗布1疋		4.75両＝6.78円
差引損失	花旗布1疋	約	0.43円

　以上の如ク織上ケタル大布又ハ花旗布ハ殆ト原料綿糸代ニ値スルノミニシテ工賃諸掛ハ大部分損失ノ計算トナルカ故ニ満洲側織布工場ハ其作業ヲ継続スルコト能ハス続々トシテ休業閉鎖スルノ已ムナキ実態ニアリ、奉天、営口、遼陽、安東、鉄嶺ナトノ各地トモ既ニ織機台数ノ半数ノ休業ヲ見ル状態ニシテ今日ナホ作業ヲ継続スルモノアルハ従来ノ関係上体面ヲ保ツ為メニ損失ヲ明知シツツモ辛シテ一部ノ作業ヲ継続スルモノニシテ恐ラク旬月ヲ出テス、更ニ大部分ノ休業又ハ閉鎖ヲ見ルヘシト観測セラレツツアリ。

　右ノ原因ニ付キ種々探究セル結果農産物価格ノ下落従ツテ農民ノ購買力減退カ重大ナル関係ヲ有スヘキハ無論ナリト雖モ更ニ直接重大ナル原因ヲ為セルモノハ満洲国輸入関税率規定ノ不備ヲ悪用シ脱税輸入品ノ殺到シタルニ在ルコト分明セリ。

　即チ（イ）満洲国税関輸入税税則（大同2年4月16日公布）号列第8生擬

土布（満洲産大布ノ同類品）ノ糸数ノ制限規定ヲ利用シ僅カニ該制限ヲ超ユル糸数密度ノ大布類似品ヲ織製シ号列第8ノ従量税ノ適用ヲ免レ号列第11ノ従価10%税率ノ適用ヲ受ケ以テ価格2元2、3角ノ布1疋ニ付税率ノ差額4角ヲ利スルノ結果トナルモノ、及ヒ（ロ）税率号列第44「分類外ノ染糸織布」ノ従価10%ノ税率ヲ利用シテ号列第2ニ依ル従量税ノ適用ヲ免レ以テ価格8、9元ノ布（満洲産花旗布ノ同類品）1疋ニ付1元2、3角ヲ利スルモノ（両者トモ原料綿糸ヨリモ更ニ低率ノ税額トナル、詳細ハ別稿参照）等ノ表面合法的ニ見ユル脱税品ノ輸入増加シテ今日迄ニ顕著ニ見受ケラルルハ上記ノ如キ方法ナリモ其成効ニ刺戟サレ更ニ他種類ニ付キテモ種々試ミラレ又ハ試ミラレントシツツアルヲ伝ヘラル」[8]。

　ここに示したように、製品売値は「合法的脱税品」の流入によって「異常ニ下落シ」、生産費を下回ったのである。東北の織布工場はその作業を継続することが難しくなり、休業閉鎖する工場が続出した。奉天省でいえば、1934年初には綿織物工場522、織機数8,009台であったのに対し、4月になると、150工場が休業・閉業に追い込まれた。休止した織機は3,749台にものぼり、年初紡織機数約半分近くに達したのである[9]。

　こうした状況のもとで、満洲国財政部は、「国民経済上重要なるは家内工業的小規模機織業者にして其数約二千個、従業員数約十万を数ふ。之等に対する或る程度の保護は国策的に必要なり」[10]と考えるようになったのである。

　そもそも東北の綿業は、生産額、工場数、職工数のいずれにおいても、諸産業の中で重要な位置を占めていた[11]。満洲国にとって国内綿織物業者による綿布生産の維持が国内の安定にとって重要であったのである。

（2）関税収入の維持

　第二の点をみると、上述の織物業保護のための関税改正は、「我国財政の現状に鑑み、関税率並に税制の改正整備を併せ財政収入に著しき減少を齎すことなきを目標」[12]とする、とされた。この点を明らかにするために、まず満洲国の当該期の貿易の状況を検討しよう。満洲国第1年の1932年には2億8,000万円の出超であった。しかし、1933年から37年まで輸出は大幅に減少したの

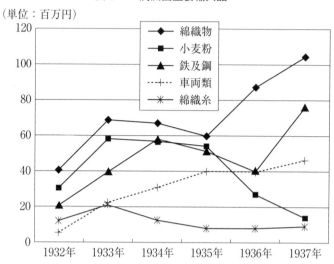

図 3-1 満洲国主要輸入品

出典：大連商工会議所『満洲経済図表』1935 年、大連商工会議所『満洲経済統計年報』1936 年、満洲国経済部『満洲国外国貿易統計年報』各年より作成。

に対し、輸入は 5 億円を超え、年々入超が続いた。輸入の増加をもたらした最大の要因は綿織物の輸入であった。図 3-1 でわかるように、満洲国の最大の輸入品は綿織物であり、輸入額は 1935 年以降急増していた。その主な輸入先は日本であり、1935 年以降は日本の綿製品が 9 割以上にのぼっていた[13]。

綿織物は満洲国政府にとって財政上からもきわめて重要な意味をもっていた。満洲国の財政収入は関税収入によって支えられており、関税収入は 1932-36 年において常に経常収入の 4 割から 5 割、一般歳入総計の 3 割から 4 割程度を占めていた[14]。表 3-1 によれば、綿および同製品の輸入税額は全輸入額の 2 割以上を占めており、満洲国政府にとって綿および同製品による関税収入が重要な収入源となっていることがうかがえよう。

一方、東北への綿布輸出は日本にとっても重要な意味をもっていた。満州事変後、満洲国向けの綿織物輸出は少なくとも日本綿織物輸出総額の 6-8％、関東州向け輸出も入れると、10％以上も占めていたと思われる[15]。

以上から次の点を確認しえよう。第一に、満洲国の最大の輸入品は綿織物で

第3章　1931-1936年の満洲国の関税政策と綿業　*85*

表 3-1　第二次関税改正前後における満洲国品類別輸入額・税額比較表

(単位：千円、%)

品類別		輸入額				税額			
		1934 年		1935 年		1934 年		1935 年	
第一類	綿及同製品	90,488	29%	78,779	23%	14,197	22%	15,254	21%
	生地綿織物	14,561	5%	20,292	6%	2,744	4%	3,734	5%
	漂白又は染色綿織物	21,644	7%	20,363	6%	4,026	6%	4,763	7%
	捺染綿織物	9,261	3%	6,101	2%	1,259	2%	1,585	2%
	雑綿織物	11,780	4%	2,744	1%	1,185	2%	606	1%
	綿花、綿糸、綿織糸など	26,357	8%	21,423	6%	3,416	5%	2,814	4%
	その他の綿製品	6,882	2%	7,854	2%	1,565	2%	1,749	2%
第二類	亜麻、ラミー、大麻、黄麻及同製品	14,736	5%	11,603	3%	2,420	4%	2,056	3%
第三類	毛及同製品	10,296	3%	10,818	3%	2,698	4%	2,853	4%
第四類	絹及同製品	3,193	1%	4,277	1%	1,400	2%	1,924	3%
第五類	金属及同製品	68,051	22%	78,957	23%	9,204	14%	10,980	15%
	金属類	21,690	7%	27,701	8%	4,168	6%	5,071	7%
	機械及工具	24,179	8%	24,797	7%	1,676	3%	1,784	2%
第六類	飲食物及植物性薬材	32,126	10%	76,063	22%	11,824	18%	19,928	28%
第七類	煙草	8,834	3%	6,886	2%	4,070	6%	2,868	4%
第八類	化学薬及染料	11,272	4%	13,435	4%	2,461	4%	2,841	4%
第九類	蝋燭、石鹸、油、脂、ゴムなど	16,096	5%	8,265	2%	7,161	11%	2,413	3%
第十類	書籍、地図、紙及ウッド、パルプ	13,624	4%	15,159	4%	2,263	3%	2,599	4%
第十一類	動物性材料及同製品	3,738	1%	4,083	1%	811	1%	899	1%
第十二類	木材、木、竹及同製品	9,508	3%	7,699	2%	1,460	2%	990	1%
第十三類	石炭、燃料など	374	0%	613	0%	65	0%	115	0%
第十四類	陶磁器、琺瑯器及硝子類	3,839	1%	4,512	1%	804	1%	919	1%
第十五類	石、土及同製品	8,385	3%	5,682	2%	1,557	2%	1,420	2%
第十六類	雑品	18,179	6%	22,682	6%	3,379	5%	3,746	5%
総計		312,739	100%	349,513	100%	65,774	100%	71,805	100%

出典：満洲国財政部『満洲国課税輸入品統計』1934 年、1935 年、1-9 頁より作成。

注：(1) 有税品類のみ取り上げた。

　　(2) 原資料の合計数字にミスがあり、修正した。

　　(3) 第五類は「その他」を省いた。

あり、日本からみても東北への綿織物輸出は重要であったこと、第二に、満洲国にとって関税収入が財政収入の大きな比重を占めたこと、第三に、満洲国では織物業が多くの従業者をかかえており、国内の安定のために綿業に対するある程度の保護は欠かせないものとなっていたこと、である。

こうして、満洲国財政部は「国内既存紡織業に適度の保護を与ふると共に税率負担の権衡並税収の安定を期する為、現行税表に依る税収と大差なき程度に於て」[16] 税目および税率の改正を行った。加工綿布が引上げられたのは、生地綿布の引下げに伴う関税収入減を補填するためであったのである[17]。

2. 改正内容

第二次関税改正の輸入関税率関係改正品目は全部で 118 品目であったが、そのうち 71 品目が綿および同製品関係であり、改正の議論の多くも、綿糸布関係に集中した。第二次関税改正は綿糸布の関税改正が中心であった。

綿糸布に絞って、改正の特徴をあげると以下の三点を指摘できよう。第一に、品目間の税率の不均衡をはかるために、総じて従量税を引下げ、従価税を引上げたことである。これによって、大尺布と粗布の税率が引下げられた。この点については表 3-2 で確認できる。第二に、「合法的脱税」を取り締まるために、税番第 8 番の「1 平方吋内に於ける糸数」の制限の廃止などの措置を取ったことである。これに伴って、大同布の「合法的脱税」が取り締まられ、大同布の税率が引上げられた。第三に、輸入綿糸の関税率も引下げられたが、その引下げ率は生地綿布の引下げ率よりも小さかったことである。これは輸入綿糸で織布した場合、その分輸入綿布との価格差が縮小し、国内綿布業者の競争力が失われることを意味する。

ここで重要なことは、この改正によって合法的脱税を取り締まったものの、大尺布の税率自体は引下げられ、綿糸関税の引下げ率が小さかったために、日本商品との競争は緩和されたわけではなく、東北の綿織物業者にとってむしろ厳しくなったという点である。

以上みてきたように、第二次関税改正は国内産業の「保護」および財政収入

第 3 章　1931-1936 年の満洲国の関税政策と綿業　*87*

表 3-2　第二次関税改正前後の満洲国主要消費綿糸布関税率比較

項　目		価格（円）		税額（円）			担税率（%）		
				改正前	改正後	差額	改正前	改正後	差額
粗布	税番 3 の（甲）	反当り	6.55	1.79	1.15	− 0.64	27.30%	17.55%	− 9.75%
大尺布	税番 8	担当り	65.32	17.55	12.50	− 5.05	26.87%	19.14%	− 7.73%
大同布	税番 11	担当り	69.90	6.99	12.50	5.51	10.00%	17.88%	7.88%
綿糸 16 番手		担当り	65.32	13.09	10.25	− 2.84	20.04%	15.69%	− 4.35%
綿糸 20 番手		担当り	69.41	14.06	10.90	− 3.16	20.25%	15.71%	− 4.54%

出典：満鉄経済調査会『満洲国第二次関税改正事情』（立案調査書類第 23 編第 1 巻（続 2））、
　　　1935 年、246 頁。

の安定化を図ることが主な目的であったことは間違いないが、問題はこの関税
改正がどのような意味で保護政策であったのかということである。先行研究が
強調するように、疑問の余地のない保護政策であったのであろうか。この点を
審議過程の検討を通じて明らかにしていこう。

第 2 節　第二次関税改正案の審議過程

1.　審議過程の概観

「第二次関税改正案」（正式名「満洲国国定税率改正案」）は満洲国財政部で
立案され、実施に先立って関東軍に提示された。これに対し、関東軍特務部と
経済調査会が財政部の関税改正とは別に「日満関税協定特務部決定案」を立案
しており、逆に満洲国にその承認を求めている。結局、この両案については東
京の日満産業統制委員会幹事会に委ねられることになった。その審議経過を示
したのが表 3-3 である。同委員会幹事会では 1934 年 9 月 27 日から審議が始
まり、内容によりその日に限って出席しなかった省もあるが、全体にわたっ
て、満洲国財政部や関東軍特務部、満鉄経済調査会はもちろん、日本国内の内
閣資源局、陸軍省、大蔵省、外務省、海軍省、商工省、農林省、拓務省などの
各省も審議に加わった。10 月 10 日の第二回日満経済統制委員会幹事会におい

表 3-3 「第二次関税改正案」の日満経済統制委員会幹事会における審議過程

日時	会議名	場所	参加者	審議主要項目
1934年9月27日	陸軍省における「日満関税協定改正案及満洲国国定税率改正案説明並打合会議」	陸軍省軍務局会議室	満業班長：大城戸中佐、平井主計大尉、益田大尉 / 特務部：菱沼委員 / 満洲国財務部：西貝貞吉技正 / 経済調査会：中濱義久関税班主任、山内五鈴、三輪 / 武関税班員	・菱沼委員により上記両案の今日までの経過の陳述 / ・審議方針についての意見交換 / ・西技正により改正案要旨、大綱説明 / ・菱沼委員により協定案の要旨、大綱の説明 / ・質疑応答
同9月29日	「日満関税協定及満洲国関税改正案の資源局への説明並打合会議」第一回各省委員会	資源局総務部長室	資源局：松井総務部長、植村庶務課長、久保施設課長 / 特務部：長岡委員、菱沼委員 / 満洲国財務部：西貝貞吉技正 / 経済調査会：中濱義久関税班主任、三輪武関税班員	・菱沼委員により両案は極秘であることを強調 / ・菱沼委員により両案不可分的性質説明 / ・西技正により改正理由詳述 / ・質疑応答
同10月2日	「日満関税協定並満洲国関税改正案に関する第一回日満経済統制委員会第一回幹事会」	資源局第二会議室	資源局：松井総務部長（議長）、植村庶務課長、久保 / 施設課長、内田総務部分室主任 / 陸軍省：山田中佐、平井主計 / 関東軍特務部：菱沼委員 / 経済調査会：中濱義久関税班主任、山内五鈴、三輪 / 武関税班員 / 外務省：井上通商局第一課長、松島通商局第二課長、武内貿易事務官、法華事務官、栗山技正 / 大蔵省：太田関税局監理課長、鵜原技師、江副技師 / 師、伊藤技師 / 海軍省：山田大佐、岸本少佐 / 農林省：細川事務官、梶原農政課長、湯河満洲局農政課長 / 小山田事務官、吉田事務官 / 商工省：坂間商工課取引課長、新妻局財政課長、吉田事務官 / 拓務省：黒田殖産局第二課長、副島事務官 / 満洲国財務部：西貝貞吉技正	・菱沼委員、西技正より両案の説明 / ・改正案の実施につき審議の上、陸軍省のみにより報告の案を次回に回す / ・協定案につき外務省反対意見陳述 / 希望 / ・協定案実施不可能の場合の補助策方針決定
同10月10日	「日満関税協定並満洲国関税改正案に関する第二回日満経済統制委員会第二回幹事会」	資源局第二会議室	10月2日会議出席者中、海軍省太田大佐の欠席を除く、ほか同じ	・改正案の単独審議 / ・外務省協定案反対陳述 / ・質疑応答
同10月16日	「日満関税協定並満洲国関税改正案に関する第三回日満経済統制委員会第三回幹事会」	資源局第二会議室	10月2日会議出席者中、経済調査会メンバーの欠席を除く、ほか同じ	・商工省、拓務省、大蔵省、農林省より修正希望意見陳述 / ・これにつき菱沼委員より満洲国側の事情説明

出典：満鉄経済調査会『満洲国第二次関税改正事情』（立案調査書類第23編第1冊第1巻（続2）、1935年により作成。

て、ひとまず改正案は可決され、協定案は引き続き審議されていくこととなった。

2. 満洲国実業部案と財政部案

第二次関税改正案は満洲国財政部で立案された後、満洲国実業部は財政部案に対し、国内産業保護を強く打ち出した修正案を提議したが、結局財政部案が満洲国案となった。

まず、財政部案と実業部案をみておこう。財政部案に対し、実業部は厳しい批判を加えて、修正案を提示した。「綿布関税を綿糸関税に比し著しく引下ぐることを骨子とせる財政部案は、国内織布業者に適当なる保護を与へ」[18] るものではない、というのが批判内容である。表3-4に示したように、財政部改正案の関税率に基づく実業部の試算によれば、大尺布の場合、改正前の1933年には満洲国産品は輸入品より0.15円安かったのに対し、改正案ではその差は0.02円に縮小している。粗布の場合には、紡績工場による兼営織布製品（表3-4のaの場合）においても中小織物業製品（表3-4のbの場合）においても、改正案ではむしろ輸入品よりも高くなっていることがわかる。とくに中小織物業製品が価格的に不利な条件に置かれることが読み取れよう。

ケースCは新京市の自強工廠の綿布生産採算状況である。同廠は使用人員60名、織機50台をもち、購入原糸を使用する織布業者である。実業部の試算では、同廠は関税改正前の1934年9月には、1反につき0.07円の赤字であった。これが改正後には黒字に転換することが見込まれているが、その額は多くともわずか0.12円に過ぎなかった。これでは「単に赤字をカバー」するほどのものであり、保護とはいえない[19] として、実業部は大尺布でいえば財政部案より2%高い関税率を提案した[20]。

実業部案は受け入れられることはなかった[21]。しかし、財政部案が満洲国内織布業者の保護としては不十分であると試算に基づいて主張していた点は、「保護」の意味合いを理解するうえで重要である。

表3-4 第二次関税改正前後の大尺布・粗布採算状況比較 (実業部の試算)

(単位:円)

A 大尺布			B 粗布		
	1933年	財政部改正案 (推測)		1933年	財政部改正案 (推測)
輸入大尺布到着原価	2.64	2.43	輸入粗布到着原価	8.32	7.72
同大同布	2.31	2.56	国産品原価 (a)	7.99	7.99
国産大尺布生産原価	2.49	2.41	国産品原価 (b)	8.05	8.05
国産大尺布－輸入大尺布	−0.15	−0.02	国産品 (a)－輸入品	−0.33	0.27
国産大尺布－輸入大同布	0.18	−0.15	国産品 (b)－輸入品	−0.27	0.33

C 新京自強工廠 (輸入綿糸使用) の採算状況の変化 (1反あたり)

		1934年9月	財政部改正案 (推測)
直接生産費	原糸代	2.45	2.37
	人件費	0.28	0.28
	計	2.73	2.65
卸売価格		2.75	2.88 (c) or 2.97 (d)
卸売価格－生産価格		0.02	0.23 or 0.32
販売に当たり課税額		0.09	0.09
直接生産費以外の費用 (直接生産費の4%)		(言及せず)	0.11
生産利益		−0.07	0.03 or 0.12

出典:前掲『満洲国第二次関税改正事情』、312-314頁。
注:(a) は国内生産綿糸 (16番手) を原料とした紡績工場の兼営織布生産原価、
(b) は綿糸を購入する中小綿織物工場の生産原価、
(c) は産業部が財務部説明の数字より推定したもの、
(d) は産業部がA項目の数字に基づいて計算したものである。

3. 「保護政策」の意図

　満洲国内綿織物業者への「保護」の意味合いに留意しつつ、立案者はどのような意図をもって改正を行ったのかを東京の日満経済統制委員会の議論によってみてみよう。

　満洲国財政部の西貞吉技正は9月29日に資源局で開かれた「日満関税協定及満洲国関税改正案の資源局への説明並打合会議」において保護政策につい

て、次のように説明している。

「（輸入品目中の…引用者）国内の家内工業的機織業生産品と抵触する大尺布、糸染細布等につきてはグレーディングに依らず綿織糸の単価、成品の価格を考慮し、且昨年度の国内該企業者の利潤の約六掛を保たしむる程度の保護を考慮して税率を調整せり斯の如く国内小規模機織業を保護する目的を一応加味せるも此の程度なる時は日本織布業と撞着する如き不当の発展は之を抑制し、尚且急激に衰減せしむるが如き弊害を来すことなからん。保護の程度の（ママ）所謂蛇の生殺し程度なり」[22]。

「蛇の生殺し」という露骨な言葉に明らかなように、むしろ日本織物業の輸出に支障が生じない程度に関税率を調整した点にこの関税改正の狙いがあったと考えられる。ここで調整というのは、日本の輸出に支障のない糸染細布などの加工綿布については税率を引上げ、大尺布などの生地綿布については東北綿織物業の急激な衰退を引き起こさない程度に引下げる、という意味である。

この点については、10月10日の「日満関税協定並満洲国関税改正案に関する第二回日満経済統制委員会幹事会」における外務省武内事務官と特務部菱沼委員の議論でも明瞭である。関税改正による加工綿布税率の引上げに関して、外務省武内事務官は「（改正案は…引用者）日本品に対する無関心を感じた」とコメントした。これに対して、特務部菱沼委員は以下のように答えた。

「改正案に於てもその趣旨とする合理的改正の範囲に於ては日本品に対しても考慮してある積りなり。又前回（ママ）の改正案に盛られたる品目につきても考慮してある。綿布につきても日本に重要なる生地綿布は一般に引下げを行ひ、為に減収百万円以上に及べる程なり。加工綿布につきては少々高くなりたるも、之は合法的脱税防止の目的によるものにて已むを得ざるものと思料す。満洲国内に於ける生地綿布生産を抑制することが日本にとりては主要なる点にして、満洲に加工綿布が少し位興っても之は発展の可能性其他より考へても重大なる結果を招来するものとは思惟せず。之以上の考慮を日本品に対して行ふべきことの要求は関税改正自体としては無理ならん」[23]。

すなわち、満洲国内における生地綿布生産を抑制することこそ日本にとっては重要なことであり、東北の加工綿布が多少発展しても日本にとって脅威にな

ることはないというのである。

　綿糸布の税率の高さに関して、日本の各省庁側からかなりの批判があったに
もかかわらず、修正は行わずに原案が承認された。これは満洲国側あるいは満
鉄経済調査会のこうした説明が了承されたということであろう。どうしてこの
ような結果になったのか、これを解明するためには関税改正と関税協定の関係
をみなければならない。

4.　関税改正と関税協定

　日満経済統制委員会でもう一つ意見が大きく対立したのは、関税改正と関
税協定の実施時期であった。会議に参加した各省庁の意見を整理すると、主に
三つに分かれている。かかわりの強い省庁だけあげると、満洲国財政部、陸軍
省、大蔵省が「改正案先行論」を主張したのに対し、関東軍特務部、商工省は
「同時進行論」を主張し、外務省は関税協定の締結そのものに反対した。この
対立の意味を明らかにするために、まず、関税改正と同時に立案された関税協
定案の内容からみていくことにしよう。

　日満関税協定案は関東軍特務部、満鉄経済調査会を中心に立案された。そ
の狙いは、関税協定の形式によって、満洲国関税改正を実施することにあっ
た。財政関税に固執する満洲国財政部によって、日満経済統制的視点からす
る関税改正が阻まれたため、関税協定によってその実現を図ろうとしたので
ある[24]。

　関東軍の決定案（第5案）に記した、関税協定の方針要綱は次の資料に示し
たとおりである。

日満関税協定方針要綱　　第5案（軍決定案）[25]

1.　日満通商航海条約とは別個の条約として日満両国間に互恵関税協定を締
　　結するものとす

2.　日本は今後諸外国との通商条約の改締又は締結をなすに当り、満洲国品
　　に対して付与する関税上の特典を諸外国に均霑せしめざる方針を以て臨む
　　ものとす

第3章　1931-1936年の満洲国の関税政策と綿業　*93*

3. 満洲国は無条約国に対しては日本品に対して付与する関税上の特典を許
　容せず、且条約国となりたる場合と雖も相互主義に基き満洲国品に対し税
　率の協定其他関税、通商上特別の利益を付与する場合に限り日満両国の特
　殊関係を害せざる範囲に於て日本品に対して付与する特典の一部均霑を認
　むるものとす

4. 日本が満洲品に対して税率を協定すべき品目は左の標準に依り之を定む
　るものとす

イ、当該産業が国防上及産業上満洲国内に確立するを要するもの

ロ、国防上産業上日満両国間に於て出来得る限り自給自足を図るの見地よ
　り、満洲国に於て其生産増加を図り日本に於て其利用を促進するを必要
　とする原料品

ハ、当該産業が満洲国の重要産業にして其生産品に対する関税の賦課又は引
　上が満洲国の国民経済上重大なる影響を及ぼすと認められたるもの

　　右協定品目に付満洲国は本協定実施後五ヵ年内に輸出税及其の付加税
　を免除す。但しロに該当する品目の輸出税及其の付加税の免除は日本以
　外の諸外国に均霑せしめざるものとす

5. 満洲国が日本品に対して税率を協定すべき品目は左の標準に依り之を定
　むるものとす

イ、日本産業の実状に鑑み満洲国内の産業の生産条件を公正ならしむるの要
　あるもの

ロ、日本の産業国策上満洲市場確保の必要あるもの

ハ、満洲国内に於て現に日本品が外国品と競争関係に在り其税率の軽減が、
　日本品の販路拡張上効果著しきもの

　右協定品目に対する付加税は免除するものとす

6-7（省略）

　その狙いがどこにあったのかは、項目4と5をみれば一目瞭然である。5に
ついて付け加えておくと、第一次案では5のイは「日本産業の実状に鑑み満洲
国内の産業の不自然なる発達を抑制すべきもの」[26]と露骨に書かれていた。

94

表3-5 満洲国第二次関税改正前後、実業部案および日満関税協定案関税率比較

1933年生地綿布輸入額順位	1位	2位	3位	4位	5位	6位
輸入額（千円）	5,901	5,771	2,098	2,077	1,320	782
税番	8番	2番	4番	3番	3番	11番
品名	大尺布	生金巾及粗布（幅40吋、長41碼を超えるもの、1吋平方内の糸数110を超えざるもの）(甲) 重量11封度を超え、12封度半を超えざるもの	雲斎布及細綾木綿 三枚又四枚綾純糸を用いるもの（幅31吋、長31碼を超えざるもの）	生金巾及粗布（幅40吋、長41碼を超えざるもの、1吋平方内の糸数110を超えざるもの）(甲) 重量11封度を超え、15封度半を超えざるもの	生金巾及粗布（幅40吋、長41碼を超える、1吋平方内の糸数110を超えざるもの）(乙) 重量15封度半を超えるもの	別号に挙げざる生地の綿織物 大同布
改正前税率①	26.9%	20.8%	-	27.3%	27.3%	9.6%
改正後税率②（財政部案）	19.1%	-	-	17.6%	17.6%	17.9%
実業部税率③	21.1%	-	-	21.4%	21.4%	-
協定案税率④ 三年間のみ	15.0%	15.0%	-	15.0%	15.0%	15.0%
三年後	17.5%	協定率適用せず	-	協定率適用せず	15.0%	17.5%

出典：前掲「満洲国第二次関税改正事情」、70、174、246、306 頁、満鉄経済調査会「日満関税協定関係資料」（立案調査書類第 23 編第 1 巻（続 1））、1935 年、63 頁。

注：「－」は記録がないことを意味する。

表 3-5 は関税協定案、財政部案、実業部案を比較したものである。協定案は綿布（1-46 番）については、従量または従価 15.0％の税率、ただし税番 2 の細布、税番 3 の粗布は、協定実施後三年は協定率を適用せず、税番 8 の大尺布および大同布は協定実施後三年間従量 17.5％の税を課すとされた。また、将来綿花輸入税、綿糸輸入税、または統税を減免する時は綿布に対する相当率を軽減するものとしている[27]。

財政部案や実業部案の数字と比べて協定案の関税率は格段に低いものであった。第二次関税改正が一定程度満洲国の綿織物業を保護するものであったのに対し、関税協定案は、大幅に綿布の関税率を引下げていることから明らかなように、日本の綿布輸出を第一に考慮したものであったといえよう。この関税協定案が実施されていれば、満洲国の織布業は壊滅的な打撃を受けていたかもしれない。

では、そもそも関東軍が主張した協定案の税率より高く設定した満洲国財政部の関税改正案に関東軍はどうして反対しなかったのであろうか。その原因は、関税協定案の同時実施を考えていたからであった。この点について、関東軍特務部菱沼委員と満鉄調査会中濱委員は次のように述べている。

（菱沼委員）

「（改正案と協定案は…引用者）甚しき矛盾撞着を見ず両立し得ざるが如きものには非ずと思考せり。即ち改正案は満洲国独自の立場に於て、日本は第二義的に考へ諸外国に均等なる関税改正を企図し、満洲国の関税収入に大なる変化を来さゞる限りに於て為替相場就中対日為替相場の変動、物価の低落に因る従価税及従量税の不権衡を是正し、又満洲国家内工業救済の意味をも加へ作成したるものなり

依て改正案のみにては日満経済統制方針に順応せる関税政策を実現することを得ず。之は日満関税協定により甫めて満足せしむることを得べし。換言せば国定税率改正により期し得ざる所を補ふ日満関税協定を以てするものにして両者は不可分のものなり。故に関東軍は改正案に同意したり。尤も二、三修正を求むる所ありたり」[28]（波線は引用者、以下同じ）。

「（改正案は早く実施、協定案も…引用者）なるべく早い方よし。殊に改正

が実施せらるゝのであれば出来るだけ引続いて若し協定の審議品目につき遷延するが如きことあれば方針要綱のみにても全体的決定に先立って決定したし又万一協定不成立の見通し行はるゝが如き場合には改正案は現在のまゝ実施することは不可と信ず。この場合には協定の精神を改正案の中に織込んで品目、税率の選定等も改めて行はるべきなりと思料す」[29]。

（中濱委員）
「改正案と協定案の実施期が余り隔ると色々な弊害が生ずると思ふ。改正案によれば綿布につきて日本よりの主要輸出品目につきては一般に引上げとなっている有様なり。従って協定案実施期が余り改正案の実施に遅れると内地の織布業者、殊に綿布輸業者は猛烈なる反対をなすならん。この反対は兎に角としても税率を或る期間引上げ又之を引下げたりするのは両国の貿易の円滑なる発展の上より見て面白くないと思ふ。協定も改正に引続いて実施さるべきなりと信ず。両者の関係は全く不可分なり」[30]。

　関税改正の先行実施を主張した満洲国財政部、日本陸軍省、大蔵省は関税協定そのものに反対していたわけではなかったと考えられるが、関税協定の締結には利害の調整のために時間がかかることから、大蔵省は財政的理由＝満洲国財政の安定、満洲国財政部はこれに加え、保護政策的観点から早期実施を主張したのである。

　これに対し外務省は外交上の観点から関税協定の実施に反対（特に要綱第2項と3項に反対）し、関税改正の中に関税協定の内容を盛り込むよう主張した。外務省の井上通商局第一課長は審議会議で以下のように発言している。

「（第2項…引用者）につきては之が実行は理論上にもまた実際上にも大なる困難を感ずる。成る程先頃のエストニヤとの条約中満洲国に与ふる特恵は之をエストニヤに均霑せしめざることを規定せるも、其の主要なる目的はこの特恵問題にあるに非ずして条約文中に満洲国なる文字を明記し以て諸外国をして順次満洲国を事実上承認せしめんとしたるものなり。サルヴァドールとの条約に於て亦然り。ウルグワイとの条約に於ても相互に近接国との条約上の特典を均霑せしめざる最恵国条款均霑の特例を設けているも、之を総ての国に要求す

ることは困難ならん。（中略）日本の経済発展の為の根本的国策を放棄することは重大なる問題にして日満間の関係のみを以って之に代ふることは困難なるべし。また条約締結の実際上の問題より見ても大国相手には条約文中に「満洲国」なる文字を用ふることは不可能ならん。（中略）此の如き重大なる問題を伴ふ協定案は暫く之を置き満洲国が一方的自主的に日満ブロック関係を強化する如き内容を有する改正を行ひ、両国の緊密なる経済関係の維持強化を計るを以って最善の方策なりと言ふべし」[31]。

　経済調査会の中濱委員は外務省のこの意見に対して、次のように答えている。

　「（外務省が提案した改正案に織り込む方法だと…引用者）実行上多大の難関を予想せられ寧ろ不可能なりと断ぜざるを得ず。予輩も昨春（第一次関税改正時…引用者）齋藤特務部顧問に従ひかゝる方法を採り満洲国関税改正を企図したるもこれによるときは満洲国財政に多額の減収を惹起せしめ、然もこの減収を補填すべき何等の方途も見出すを得ず。昨春各省会議に於て各省の要求品目夥多なりしに不拘、その実現を見たるものその十分の一にも及ばざりしは之の困難を証して余りあるに非ずや。日本としての満洲国への要求品目中の核心をなすものは綿布なりと思惟するもかゝる方法を以てしては綿布調税に手を触るゝことは絶望なり」[32]。

　この対立は結局、関税改正が先行実施される形で決着をみた[33]。

　以上から明らかなように、両案の実施時期をめぐる対立は日本織物業に満洲国の市場を開放するか満洲国の綿織物業を一定保護するかという、産業政策の根幹に関わるものであった。綿布の関税改正は満洲国政府にとって財政収入を維持するものでなければならなかったし、満洲国の織布業の壊滅的打撃を回避するものでなければならなかった。日本にとっては関税率改正＝引上げは日本綿布輸出の大きな障害として認識されていたのであり、とくに関東軍や商工省は関税協定の実施によって大幅な引下げを実現し、市場を完全開放しようとしたのである。

　第二次関税改正は異なる二つの利害を調整して実施された改正であった。異なる利害とは、一方は日本内地の綿織物業者の利害であり、いま一方は満洲国

内綿織物業の維持（＝急速な衰退の回避）と満洲国の財政収入の確保である。こうした妥協の産物として実施された第二次関税改正は国内生産と輸入に対して、すぐには大きな変化をもたらすことはなかったのである。

しかし、細部に注目すると第二次関税政策は東北地域の綿業にかなりの影響を与えることになった。以下ではこの点について検討してみよう。

第3節　第二次関税改正と綿業

1.「合法的脱税」の激減と生地綿布輸入の増加

関税改正の影響をみるために、品種別の綿布輸入の動向を検討すると、1935年を境にかなりの変化を確認できる。すなわち、輸入綿布を品種別に比較した図3-2によると、まず、1935年に大きな比重を占めた「その他綿布」が以後激減していることがわかる。「その他綿布」の大部分はいわゆる「合法的脱税

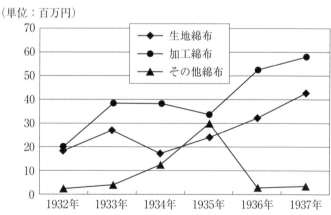

図3-2　満洲国品目別輸入綿布額

出典：大連商工会議所『満洲経済統計年報』1933年、1937年。「関税改正に現れた満洲国の貿易政策」満鉄経済調査課『満鉄調査月報』第19巻4号、1939年4月、58頁。

第3章　1931-1936年の満洲国の関税政策と綿業　*99*

品」であり、第二次関税改正は東北綿織物業者を「合法的脱税」による打撃を
ひとまず救済することになったわけである。その限りでは、保護政策としての
役割を果たしたといえよう。しかし、一方では関税率の引下げられた生地綿布
輸入が増加した。

表3-6は税番別に関税改正前後の生地綿布の輸入量と価格の変化を示した
ものである。これによると、従来から輸入量の多かった大尺布（税番8）をは

表3-6　関税改正前後の生地綿織物輸入数量および価格の変化

税番	品　名	単位	数　量		平均価格（円）		
			1934年	1935年	1934年	1935年 調整前	1935年 調整後
1	金巾及粗布（幅40吋、長41碼を超えざるもの）	反	17,299	127,417	5.57	6.70	6.29
2	金巾及粗布（幅40吋、長41碼を超えざるものにして、1吋平方内の糸数110を超えるもの）	反	453,421	1,134,900	7.04	7.49	7.03
3	金巾及粗布（幅40吋、長41碼を超えざるものにして、1吋平方内の糸数110を超えざるもの）	反	185,633	313,601	7.21	7.94	7.46
4	雲斎布及細綾木綿三枚又四枚綜絖糸を用いるもの（幅31吋、長31碼を超えざるもの）	反	41,604	179,197	4.94	4.86	4.56
5	雲斎布及細綾木綿三枚又四枚綜絖糸を用いるもの（幅31吋、長42碼を超えざるもの）	反	10,235	33,186	6.38	7.26	6.82
6	天竺木綿（幅34吋、長25碼を超えざるもの）	反	1,156	134	5.15	3.98	3.74
7	天竺木綿（幅34吋を超え37吋を超えず、長25碼を超えざるもの）	反	3,538	794	5.02	4.91	4.61
8	大尺布（幅24吋を超えざるもの）	担	84,945	104,953	64.48	59.87	56.22
9	綿フランネル又フランネット（平織また綾織のもの）	反	52,241	44,418	7.51	7.35	6.90
10	綿カンビアス及ダック	－	（碼） 686,405	（担） 3,889	0.3	67.22	63.12
11	別号にあげざる生地の綿織物	担	－	4,420	－	103.04	96.75

出典：満洲国財政部『満洲国課税輸入品統計』1934年、1935年、2-3頁。
　注：1935年調整後の数字はデフレートしたものである（1934年＝100、1935年＝106.5）。

じめ税番2、3、4の粗布、雲斎布、細綾木綿などの輸入が激増していることがわかる。東北の綿織物業者に打撃を与えたことが推定できる。

これに対し、関税率が引上げられた加工綿布は1935年には大きく減少したものの、翌年以降回復している。

以上から明らかなように、関税改正は加工綿布輸入を減少させ、「その他綿布」を激減させるという保護効果を一時的にはもったが、一時的な効果に過ぎず、全体として東北綿布生産の発展にとってむしろ抑制的な役割を果たしていたと考えることができよう。

2. 改正後の綿織物業

第二次関税改正後の東北の綿織物業者からの次の要望は、今回の改正によって東北綿業が受けた影響を如実に物語っている。

「従来ノ関税改正ガ主トシテ日本ノ生産業者ト在邦輸入商トノ連絡統制アル運動ニ左右セラレ無力ニシテ統制ナキ在来ノ□□大衆紡績工業関係者ノ蒙ル影響等ニ就イテハ深ク究メザリシ感ナキニシモアラズ、今ヤ日本商品進出圧迫加ヘルニ極度ノ農村疲弊等ノタメ全満綿織業者ノ窮迫ハ真ニ言語ニ絶シ、全満ニ於ケル幾万台ノ織機中現在運転ヲ継続スルモノ僅カ二十分ノ一二足ラズ、奉天市ノミニ付イテ見ルモ四千五百台ノ織機ノ内目下運転中ノモノハ四百台ヲ過ギナイ現状デアル…瀕死ノ在来大衆工業者救済ノ為メ大尺布其ノ他生地綿布ノ輸入関税ノ適当ナル引上ゲヲ希望シテ止マナイ」[34]。（波線は引用者）

表3-7は織機台数の変化をみたものである。関税改正前の1933年12月と比較し、改正後の1935年12月の織機台数が大幅に減少していることがわかる。1935年は農業恐慌による打撃も加わって、中小綿織物業者の綿布生産は半減した。

しかし、織布業者が同じように打撃を受けたわけではなかった。紡績工場の織布機械台数をみると、1935年以降激増していることがうかがえる。織機台数からみる限り、紡績工場の兼営織布生産はほとんど打撃を受けなかったのである。実業部の試算でも、紡績工場の織布部門はほとんど影響ないとされて

第3章　1931-1936年の満洲国の関税政策と綿業　*101*

表3-7　第二次関税改正前後の満洲5都市における綿織機台数増減

（単位：台）

| | | 中小綿織物工場 | | | | | | 紡績工場 |
| | | 大幅機（粗布生産機） | | | 小幅機（大尺布生産機） | | | |
		力織機	手織機	計	力織機	手織機	計	織機台数
1933年12月		2,209	2,018	4,227	4,128	267	4,395	1,004
1935年12月		1,561	741	2,302	3,704	169	3,873	1,438
	休止機	188	140	328	479	42	521	
	同比率	12%	19%	14%	13%	25%	13%	

出典：中小綿織物工場は、1933年12月は満鉄経済調査会『満洲経済年報』1935
　　　年、367頁、1935年12月は産業部大臣官房資料科『綿布並に綿織物工業
　　　に関する調査書』1937年、30頁より作成。紡績工場は満鉄調査部『満洲
　　　紡績業立地条件調査報告』1941年、76頁より作成。
　注：満洲国5都市は奉天、営口、安東、哈爾濱、新京を指している。

いた[35]。しかし、紡績工場も楽観的な状況ではなかった。奉天紡紗廠の事例
でみれば、先物契約による活況と相殺して、1934年からすぐには減産がみら
れなかったが、1934年末から1935年前半にかけて生産が半減した。織機300
台のうち200台しか稼働しない深刻な情況であった。ほか、営口紡績会社第
一分廠は「日本品の進出に打撃を受け」、1935年5月末奉天の紡織部を閉鎖
して営口に引きあげたという[36]。

　さらに、兼営織布と中小業者の採算状況を表3-8によって検討しよう。同
表によれば、兼営織布の細布（12封度）と粗布（14-15封度）の原価は市価
より低いことから、少なくとも採算が取れていることがわかる。一方、中小
業者の各綿布商品の生産原価を市価と比べると、粗布（9封度）以外のものは
すべて市価より高く、まったく採算が取れない状況であった。

　中小業者の12封度の粗布と兼営織布の14-15封度粗布の場合をみよう。兼
営織布は1反あたり、原糸代6.79円、生産費0.93円、合計7.72円に対し、中
小業者は原糸代7.715円、生産費0.901円、合計8.616円であり[37]、その他生
産費が低いものの、原糸代が高かったので、生産費は兼営織布を上回ってい
る。兼営織布の粗布がほぼ市価なみであるのに対し、中小業者の粗布の生産費
は市価をはるかに上回っていることがわかる。一方、市価の下落は農村での販

表 3-8　1935 年綿布生産採算状況

（単位：円）

項　目		原糸代	その他生産費	計	市　価
紡績工場兼営 織布平均	細布（12 封度）	6.750	1.230	7.980	8.500
	粗布（14-15 封度）	6.790	0.930	7.720	7.70 以上
中小綿織物業者 （5 都市平均）	大尺布（3.5 封度）	1.931	0.258	2.189	2.100
	大尺布（4 封度）	2.140	0.286	2.426	
	粗布（9 封度）	5.400	0.630	6.030	6.100
	粗布（11 封度）	6.585	0.767	7.352	6.400
	粗布（12 封度）	7.715	0.901	8.616	7.70 以上

出典：産業部大臣官房資料科『綿布並に綿織物工業に関する調査書』1937 年、
　　　32 頁。
　注：5 都市は奉天、営口、安東、哈爾濱、新京を指している。

売不振に伴う滞貨の増加と輸入綿布の関税引下げによってもたらされたという。

　資料によれば、奉天の大尺布の市価は、1935 年 3 月中旬から 4 月中旬まで
のわずか 1 ヵ月で 1 疋 3 斤 2 両ものは 2 元 3 角から 2 元 1 角に、1 疋 3 斤もの
は 2 元 1 角から 2 元に、1 疋 2 斤 8 両ものは 1 元 9 角から 1 元 7 角にそれぞれ
下落した。中小業者は割高な原糸代のために低価格の輸入綿布に対抗できず、
さらに農村不況の影響を受けて「相当の損失を被つたので業務を縮小し」た。

　1935 年 6 月には、奉天における中国人中小綿織物工場は 150 余とされ、各
工場ともに生産量を減少し、機械をフル稼働する工場はわずか 3 工場にとど
まった。その中に、有力とされる工場至誠永は織機 260 台のうち 240 台、興
盛工廠は 240 台のうち 200 台、双合成は 200 台のうち 150 台、鴻昌徳は 220
台のうち 100 台、裕民工廠は 200 台のうち 132 台、瑞源陞は 180 台のうち
150 台、長順合は 180 台のうち 140 台、同興泰は 160 台のうち 60 台、徳遠長
は 180 台のうち 120 台、宝全泰は 120 台のうち 100 台しか稼働していなかった。

　売上高では、有力綿織物業者の 1935 年 3 月中旬と 4 月中旬の 1 日平均売上
高を比較すると、至誠永は 600 元から 500 元に、厚生福は 260 元から 200 元
に、徳源号は 280 元から 220 元に、双合成は 240 元から 180 元に、裕民工廠
は 200 元から 160 元に下がり、いずれも 2 割か 2 割以上の減収となっている。

そのほかの工場における機械稼働数は2分の1あるいは3分の1にすぎず、ほとんどが半日操業の状態であったという[38]。

　その後も不況はますます深刻化し、1935年7月の資料によれば、市内中小織物工場の織機台数3,000余のうち、稼働中のもの700台、稼働率はわずか2割にすぎなかった。有力綿織物業者の老舗厚生福も倒産するに至るほどであった[39]。

　第二次関税改正に起因する日本製品の圧迫および農村の疲弊による購買力の激減により、奉天の綿織物工場は満州事変以来初めての試練を受けることになった。1934年から始まった綿織物業のこの不況は農産物の収穫期および旧正月や端午の節句などの伝統祭日に農民の購買増加により一時的な増産がみられるものの、戦時統制期に入るまでには大きな転機が訪れることはなかった。次章でみるように、奉天の綿織物業は小規模工場ほど外的影響を受け、規模が小さいほど工場維持がより困難であった。

小　　括

　以上、満洲国の第二次関税改正を検討してきた。明らかにしえたことをまとめると次のようになる。

　満洲国第二次関税改正は、財政収入の維持（財政関税が本質）を前提として、「合法的脱税」の取り締まりを通じて綿織物業を「保護」しようとするものであった。その「保護」の意味合いは、立案者（財政部）によれば、織布業の急激な没落を回避しつつ、徐々に織布業を衰退せしめるというものであって、実質的には温和な抑制策と判断されるものであった。

　第二次関税改正は、実施直後には「合法的脱税」を激減させ、満洲国綿織物業者の救済に一定の役割を果たした。ただし、同時に生地綿布の輸入が増加した上、1936年には税率引き上げによって減少した加工綿布輸入の回復が果たされた。こうした輸入綿布の圧迫に農業恐慌や自然災害の影響が加わり、再び深刻な打撃を満洲国の中小綿織物業者に与えることとなった。

104

本章は、満洲国の関税改正に日本側の外務省・軍部等が強く関与しており、「日満経済ブロック」内において、綿業より重化学工業を、満洲国より日本国内綿織物業者の利益を優先的に考慮するという、1930年代前半期における「帝国」日本の経済秩序の一面について解明した。

注

1) 原朗「1930年代の満州経済統制政策」（満州史研究会編『日本帝国主義下の満州』御茶の水書房、1972年、5頁）によると、1930年代における満洲経済統制の展開は、1936年を境にして、二つの時期に分けることができる。前期は満州事変の勃発からはじまり、治安の維持を図りつつ幣制統一や金融機構・財政制度の整備を行い、経済統制の体系を整えていく時期で、第一期経済建設期と呼ばれ、後期は、五ヵ年計画を樹立し、これを中心に強行的に重工業の建設を図る時期で、第二期経済建設期と呼ばれ、ほぼ日中戦争期に相当する。

2) 満洲国の関税改正の全体的な経過については、松野周治「関税および関税制度から見た『満洲国』─ 関税改正の経過と論点」（山本有造編『「満洲国」の研究』、京都大学人文科学研究所、1993年）で明らかにされている。ここでは綿業に対する影響に絞って検討する。（詳細については序章を参照されたい）

3) 満鉄経済調査会『満洲国第二次関税改正事情』（立案調査書類第23編第1巻（続2））、1935年、19頁。

4) 財政部は「財政収入に減少を来すが如き改正は認めず」という点を第一の関税改正方針としていた。

5) 前掲『満洲国第二次関税改正事情』、19頁。

6) 同上、28頁。

7) 同上、30頁。

8) 川村宗嗣『満洲織布業ノ危態ニ就テ』出版社不詳（遼寧省档案館所蔵、工鉱941号）、1934年、頁数不詳。なお、引用中の数値をアラビア数字に改めた。採算状況資料の通貨についても簡単に言及しておきたい。奉天における大布生産の「国幣」は満洲国幣を指し、満洲中央銀行によって発行された法幣である。一方、安東における花旗布生産の「鎮平銀」は安東地域で流通した馬蹄銀である。その鋳造は安東の衡器（鎮平）を用いて行われたため、鎮平銀と称された。満洲国設立後、満洲中央銀行による幣制統一を図った結果、1935年6月までには満洲国内に流通していた旧紙幣の回収はほぼ完成した。しかし馬占山勢力の根拠地黒河で流通した馬大洋票、熱河省の熱河票（熱河興業銀行発行）、およびその他各地の地方通貨過炉銀（営口）、鎮平銀（安東）などの整理はまだ終わっていなかった（満洲事情案内所『満洲に於ける通貨・金融の過去及現在』1936年、94頁。）出典資料の1934年4月に安東の

花旗布生産の決済では依然として鎮平銀は使用されていた。

9) 前掲『満洲織布業ノ危態ニ就テ』。

10) 前掲『満洲国第二次関税改正事情』、339頁。

11) 本書第1章、および張暁紅「満州事変期における奉天工業構成とその担い手」(九州大学『経済論究』第120号、2004年11月) 87-101頁を参照されたい。

12) 前掲『満洲国第二次関税改正事情』、20頁。

13) 大連商工会議所『満洲経済統計年報』1936年、満洲国経済部『満洲国外国貿易統計年報』各年。

14) 前掲『満洲経済統計年報』1932年、1933年、1934年、1935年、1936年。

15) 日本綿布の満洲国向け輸出は統計上正確に知ることはできない。日本の貿易統計に表れた満洲国向け輸出は実際には満洲国の需要のすべてを含んでいないからである。というのは、日本品の東北地域全体に向けての輸出は関東州に到着後、改めて満洲国内に仕向けられるものが相当ある。関東州からどれほどが満洲国に仕向けるか確定できない。(岸川忠嘉「本邦に於ける中小紡織業の重要性と満洲市場及其の関税率」満鉄調査課『満鉄調査月報』第16巻第11号、1936年11月、30頁)。

16) 前掲『満洲国第二次関税改正事情』、25頁。

17) 同上、370頁。詳細は「保護政策」の項目を参照されたい。

18) 前掲『満洲国第二次関税改正事情』、309頁。

19) 同上、313-314頁。

20) 同上、307頁。また表3-5を参照されたい。

21) 実業部の工商司のスタッフは司長や各科の科長もすべて中国人で、実業部は政治力がほとんどない組織であったと言われている。

22) 前掲『満洲国第二次関税改正事情』、340頁。

23) 同上、369-370頁。

24) 満洲国財政部への不満を経済調査会の中濱は次のように述べている。「財政部は単に財政収入の見地のみを楯として反対し経済統制等眼中にない。日本側で経済統制の見地を加味せる案を作成するも満洲側を交ふれば案は滅茶苦茶にされ(る)…こんな事では当初より関税改正なんてやらぬ方がいいと思ふ」(満鉄経済調査会『満洲国関税改正及日満関税協定方策』(立案調査書類第23編第1巻) 1935年、378頁)。

25) 満鉄経済調査会『日満関税協定関係資料』(立案調査書類第23編第1巻(続1))、1935年、62頁。

26) 同上、22頁。

27) 同上、63-64頁。

28) 前掲『満洲国第二次関税改正事情』、326頁。

29) 同上、344頁。

30) 同上。

31) 同上、355-356頁。

32) 同上、358頁。

33) なお、関税協定案がその後どうなったかという点であるが、管見の限りでは成立しなかった。満鉄調査課『満鉄調査月報』第15巻第3号、1935年3月15日、271頁および満史会編『満洲開発四十年史』（補巻）謙光社、1965年、389頁で35年2月に協定が成立したとされているが、前掲『満洲国関税改正及日満関税協定方策』、10頁には、同案は日満産業統制委員会においては審議未了のまま、対満事務局に引き継がれたとされている。なお、松野周治前掲論文でも、流産したとされている。

34) 奉天商工会議所調査課『諸工業関係方面ヨリノ関税是正要望』1936年、10-11頁。

35) 前掲『第二次関税改正事情』、310頁。

36) 奉天商工会議所『奉天商工月報』第352号、1935年1月、63頁。第357号、1935年6月、32頁。第358号、1935年7月、71-72頁、75頁。

37) 産業部大臣官房資料科『綿布並に綿織物工業に関する調査書』1937年、19頁。

38) 前掲『奉天商工月報』第356号、1935年5月、28-29頁。第358号、1935年7月、75-76頁。

39) 前掲『奉天商工月報』第360号、1935年9月、32頁。

第 4 章

1931-1936 年の中小綿織物業

　本章では、満州事変から日中戦争の勃発までの期間（1931-1936 年）を対象として、奉天の綿織物生産の満洲国内における位置づけの変化および中小工場の生産実態を中心に検討することを目的とする。当該時期の中小綿織物工場は、満洲国の関税政策による影響、世界恐慌による満洲経済への打撃、自然災害など、さまざまな外的要因を受けながら変容していく。そうした中で奉天は東北の主要綿織物生産地に対して占有率の減少がみられた。なぜこのようなことが起こったのか、第 1 節で奉天の独自な事情を内因と外因の双方から検討していく。第 2 節では、奉天の中小綿織物工場の生産実態を規模、生産コストと労働者の各要素から考察する。小規模零細経営が常に存続の危機に直面しながらも輸入下級綿布にある程度対抗できた理由を明らかにする。

第 1 節　綿織物生産における奉天の位置づけ

1.　綿織物生産にみられる地域類型

　1930 年代の満洲国における綿織物生産の傾向を工場数と年間生産額で確認すると、1932 年は 227 工場で 892 万円、1936 年 308 工場で 1,659 万円、1938 年 407 工場で 3,730 万円であった（1932 年の物価でデフレートした）[1]。1932 年から 1938 年にかけて、工場数も生産額も大きく増加し、とりわけ 1936 年からの 2 年間において生産額は倍増した。さらに、一工場あたり生産額の変化

も含めてみると、1932年は平均して一工場あたりの生産額は3.9万円であったのに対し、1938年は9.2万円に増え、2倍以上の増加をみた。

このように、1932年から1938年までの満洲国綿織物生産は、一工場あたりの生産規模を拡大しつつ、工場数も生産額も増加した。しかし、後述するように、満洲国期の綿織物工場は必ずしも一律に発展したわけではない。そこには主に2つの動向が確認できた。1つは、紡績工場の兼営綿布生産量が約5倍も増加した[2]が、一方、中小綿織物業に関して、1930年代半ばの新聞雑誌には多くの倒産事例や苦境にあえぐ中小業者の記事が掲載されており、むしろ30年代半ばは中小綿織物業の受難期であったようにみえる。2つは、綿織物業は農業恐慌や農作物の凶作によってもたらした農村市場消費能力の減退や関税改正などの影響を受けたが、その受け方は地域や規模によりかなり異なっていたのである。

綿織物生産の地域的特徴を検討するにあたり、表4-1の力織機の導入に着目した生産地の類型化は興味深い結論を提供してくれる。

表によれば、1933年12月末における満洲国の製織地域の合計織機台数は電動力織機6,680台、足踏手織機8,177台である。力織機がこの段階でかなり広範に導入されていることが注目されるが、その導入地域は著しく不均等であり、産地によって導入のあり方は大きく異なっている。力織機の導入地域はおおよそ3つの類型に分けることができる。

第1類型は奉天、営口、安東型であり、電力を用いた力織機が普及し、足踏手織機をはるかに凌駕する地域である。これら3地域のうち奉天と営口には織布兼営紡績工場があるが、それと比較しても中小綿織物業が所有する力織機の台数が多い。安東も含めこれらの地域では中小綿織物業はその多くが工場経営の段階に到達していたのである。

ちなみに、中小工場の力織機は1920年代にすでに東北地域内で製造されていたが、1933年ではおよそ80%が満洲国製であった。この点を当時の資料は次のように述べている。「現在使用されて居る力織機は約7,000台にしてこのうち80%は奉天、営口、安東に於て製造された国産品であり20%は紡績工場の廃品たる日本製力織機を使用して居る」[3]と。規模は小さいが、消費財生産

第4章　1931-1936年の中小綿織物業　*109*

表4-1　満洲国製織地域別中小綿織物工場機台数（1933年12月末）

（単位：台）

地域別		電動力織機			足踏手織機		
		広幅機	小幅機	合計	広幅機	小幅機	合計
Ⅰ類	奉天	852	3,052	3,904	483	79	562
	営口	267	990	1,257			
	安東	902		902	298		298
Ⅱ類	新京	128	86	214	132	1,468	1,600
	哈爾濱	60		60	1,105		1,105
	鉄嶺		191	191		765	765
	金州		128	128			
	四平街		24	24		33	33
Ⅲ類	開原					84	84
	新民屯					1,500	1,500
	錦州					450	450
	錦西					400	400
	北鎮					400	400
	山城子					400	400
	その他					580	580
計		2,209	4,471	6,680	2,018	6,159	8,177

出典：満鉄経済調査会『満洲経済年報』1935年版、367頁。

の発展が生産財生産を促進するという有機的な関連が生まれつつあったといえよう。

　では、電動力織機と足踏手織機との間にどれほどの生産性の違いがあったのであろうか。満洲輸入組合聯合会の調査によると、哈爾濱における電力織機の場合には、粗布で1人2台を操作し、1日3疋を織り、大尺布では5疋を織り上げると報告されている。すべて電動化されていた営口の工場でも、粗布では職工1人で電力機2台を操作して1日に3疋ないし4疋を織り上げていたとされている。これに対し、人力の場合には粗布で1人1日1台2疋、大尺布で1日3疋を織り上げていた。力織機は足踏機に比べ、ほぼ1.5倍から1.7倍の生産性を持っていたと考えてよい。

これをコスト面で考えると、哈爾濱においては、粗布では力織機生産で一疋あたり工賃は 16 銭、人力織機で一疋あたり 25 銭、大尺布では力織機 10 銭、人力織機 18 銭であった[4]。この差はきわめて大きく、力織機生産を柱とするこれらの地域が発展したのもこのコストの優位性であったと考えられよう。

第 2 類型は新京、哈爾濱、鉄嶺、金州、四平街の地域である。これらの地域では力織機が導入されているもののその数は少なく、足踏手織機が多数を占めており、工場は基本的にはマニュ段階にあったと考えられる。これら地域の生産は輸入品や力織機製品に圧迫されて次第に衰えていった。ただ、これら地域では主として靴下、手袋、腿帯子などの粗製品製織や小麦粉用布袋の製織を行う業者が生き残っていったようである。

第 3 類型はもっぱら足踏手織機を用いて生産している地域である。この地域では一部マニュ生産が行われていたであろうが、問屋制家内工業的な生産が一般的であったとされている[5]。

2. 奉天・営口・安東の綿織物生産と市場

（1）3 地域の綿織物業者の推移

前項では奉天・営口・安東の 3 地域に生産が集中していた様子を織機台数の分析によって一瞥した。日中戦争勃発前には、満洲国の中小綿織物 200 余工場のうち、奉天、安東、営口の 3 地域に 160 工場近く、約 8 割が集中した。しかしその内訳をみると、1933 年から 1936 年において 3 地域の綿織物業者の推移は違う傾向が確認できた。

表 4-2 は 1933 年から 1936 年までの 3 地域の中小綿織物工場数と規模を示したものである。ほかの 2 地域と比べて、奉天は 1933 年当初において最大の工場数と職工数を誇っていたが、1936 年はほか 2 地域との差が大きく縮小した。1933 年に営口、安東の 2 倍以上を有していた職工数は 1936 年にはほぼ肩を並べられるようになり、一工場あたり労働者数も両地域は増加した傾向がみられたのに対し、奉天はほぼ変わらなかった。奉天の綿織物生産地としての位置は相対的に沈下したことが確認できよう。

第4章　1931-1936年の中小綿織物業　*111*

表 4-2　奉天・営口・安東3地域の中小綿織物業

		奉天	営口	安東	合計
工場数	1933	155	47	38	240
	1934	158	53	57	268
	1936	110	51	50	211
就業労働者数 （人）	1933	3,592	1,394	1,688	6,674
	1934	3,307	2,080	2,312	7,699
	1936	2,543	2,408	2,432	7,383
工場当り労働 者数（人）	1933	23	30	44	28
	1934	21	39	41	29
	1936	23	47	49	35

出典：「関税改正に現れた満洲国の貿易政策」満鉄調査課『満
　　　鉄調査月報』第19巻4号、1939年4月、62頁。
　注：「工場当り労働者数」の合計欄の数字は3地域の合計
　　　ではなく、「就業労働者数」合計を「工場数」合計で
　　　割ったものである。

　では、なぜ3大綿織物生産地のうち、奉天だけが相対的に停滞の傾向がみられるようになったのであろうか。以下ではこの点についてそれぞれ製品、生産規模、市場の違いという側面から検討していこう。
　まず、奉天とほか2地域の製品の違いからその理由を探っていくが、結論

表 4-3　奉天・営口・安東3地域の綿布種類別生産額（1936年）

（単位：千円）

都市	大尺布	粗布	細布	綾木綿	縞木綿	その他	合計
奉天	2,041	680	3,207	573	654	625	7,779
営口	7,108	2,344	6,790	501	−	127	16,870
安東	310	3,370	1,338	1,303	16	532	6,870

出典：産業部大臣官房資料科『満洲国工場統計』1936年、57-59頁。
　注：(1) 通常5人以上の職工を使用しかつ設備を有する工場を統計範囲とする。
　　　(2) 「綾木綿」に線呢、悉布、平紋呢、達連布、斜紋布が含まれている。
　　　　　「その他」に、帆布、蚊帳地、タオル地、敷布、綿毛布などを含む。
　　　(3) 合計欄は合計ではないのは四捨五入によるものである。

からいうと、打撃の深浅は製造品の差によるものではなかった。表4-3によれば、奉天、営口は大尺布、細布生産を中心とし、安東は大尺布の生産が少なく粗布、綾木綿の生産が相対的に多いこと[6]がわかる。奉天と安東はその他の綿布に包含される帆布、蚊帳地、タオル地、敷布、綿毛布など、豊富な種類の綿布製品を生産していたことも特徴として挙げられる。しかし、生産量の多い大尺布と細布、粗布に関していうと、奉天と営口との間には製品の品種や品質的な違いはそれほどみられない。

（2）生産規模

　生産規模の違いについて表4-4によって検討してみよう。奉天、営口、安東3地域のうち、綿織物工場数がもっとも多いのは奉天であり、ほか2地域の2倍以上を超えている。しかし、奉天の一工場あたり職工数も機台数も、さら

表4-4　奉天・営口・安東3地域中小綿織物工場規模比較（1935年）

		奉　天			営　口			安　東		
		力織機	手織機	計	力織機	手織機	計	力織機	手織機	計
工場数	工場	56	45	101	43	−	43	28	16	44
生産額	千円	2,750	542	3,292	5,367	−	5,367	3,369	142	3,511
職工数	人	1,524	639	2,163	2,117	−	2,117	1,822	162	1,984
機台数	台	1,718	720	2,438	2,498	−	2,498	1,049	159	1,208
工場当り生産額	千円	49	12	33	125	−	125	120	9	80
工場当り職工数	人	27	14	21	49	−	49	65	10	45
工場当り機台数	台	31	16	24	58	−	58	37	10	27
機台数別工場数	5〜10台	2	20	22	−	−	−	2	10	12
	10〜20台	20	14	34	−	−	−	7	6	13
	20〜30台	12	9	21	6	−	6	6	−	6
	30〜40台	10	2	12	5	−	5	4	−	4
	40〜50台	7	−	7	10	−	10	5	−	5
	50台以上	5	−	5	22	−	22	4	−	4

出典：産業部大臣官房資料科『綿布並に綿織物工業に関する調査書』1937年、30頁。
　注：（1）統計範囲は設備（織機…引用者）5台以上を有するもの。
　　　（2）「工場当り生産額・職工数・機台数」の3地域の計欄の数字は生産額、職工数、機台数をそれぞれ工場数で割ったものである。

には生産額も少なく、規模が格段に小さいことがわかる。たとえば、営口では織機台数 20 台以下の工場はゼロ、50 台以上の工場が過半を占めているのに対し、奉天では機台数 20 台以下の力織機工場が 22 工場の 39.3%を占め、50 台以上を有する工場はわずか 5 工場に過ぎない。

　規模の零細性と倒産が直接結びつくわけではない。しかし、次項で述べるように、奉天では小規模綿織物業者ほど倒産が多くなっている事実を勘案すると、零細であればあるほど蓄積が少なく、資金調達難にさらされて破綻しやすいと考えるのは決して無理ではない。奉天の工場規模のこの零細性が、農村恐慌や凶作および第二次関税改正による影響を最も多く受けることになったのではないかと考えられる。

（3）　3 地域の市場

　奉天、営口、安東の綿織物業のもう一つの違いはその市場である。各地域の綿織物市場をみると、営口産綿織物の販路は熱河一帯が 50%、満鉄沿路 17%、奉吉線沿路 16%、北満一帯 7%、四洮線沿路 6%、安奉線沿路 4%であった。つまり、主として熱河地方、遼陽以南の満鉄沿線地域を市場としていた。安東産綿織物の市場は安奉沿線 40%、鴨緑江上流地 35%、沿海地方 10%、地場その他 15%というものであり[7]、南満の安東省近辺を主たる市場としていたことがわかる。

　これに対し奉天はどうであろうか。奉天およびその後背地は東北最大の綿織物市場であり、大連経由の輸入綿織物は奉天製品と一度奉天で合流して、地元消費品を除いて後背地市場に移出されていく仕組みとなる。奉天から搬出される綿織物の最大の市場は奉天以北の満鉄沿線、新京、斉斉哈爾、哈爾濱や吉林など満洲北部、いわゆる北満地域である（前掲表 1-11）。まさにこの北満地域は 1930 年代前半、農業恐慌や水害と凶作の連発によって現金収入が急減したのである。

　世界経済恐慌の影響を受け、1930 年には早くも満洲農業は恐慌の嵐に襲われた。満洲の農業恐慌は東北の唯一ともいうべき国際商品である大豆の暴落によって引き起こされた。哈爾濱の大豆価格は 1927-1928 年ではトンあたり

98.45 元（哈爾濱大洋元）であったが、1931-1932 年には 60.14 元、1933 年
10 月には 47.28 元、1934 年 3 月には 34.62 元まで下落した [8]。これを、1927-
1928 年を 100 とする指数で表すと、1931-1932 年では 59、1933 年 10 月では
48、1934 年 3 月で 35 ということになる。1934 年 4 月には 20 年代末に比べて
大豆価格は 3 分の 1 になったのである。

　しかも恐慌によって引き起こされた農産物価格の下落は大豆にとどまらず、
ほかの穀物にも波及した。市場における価格の下落は満洲の南部地域と北部地
域に同様にみられる現象であったが、家計に深刻な打撃を及ぼしたのは大豆や
穀物の作付け比率の高い北満地域であった [9]。北満の斉斉哈爾の調査によれ
ば、同市近郊の所有地 10 坰 [10]、大豆、小麦、高粱、粟、トウモロコシの 4 種
目の穀物を生産する自作農の家計における穀物収入は、1929 年を 100 とした
場合、1930 年の恐慌後には 58.1 に減少し、その後もさらに減り続け、1933 年
には 36.1 までにも低下した [11]。

　北満洲の農民にさらに追い討ちをかけたのは自然災害等による凶作であっ
た。1932 年に松花江の氾濫によって北満地域は凶作となり、綏東地方ではあ
らゆる穀物類の収穫量がほとんど全部、富錦地方では小麦のほとんど全部が被
害を受け、樺川地方でも同様の状態がみられ、通河地方でも収穫の半分、濱州
地方では 20%、巴彦地方の西部では 50% が破滅した。北満全地方の被害状況
は 35% を下らなかったという。これらの地域はいずれも奉天綿織物の市場で
あった。

　さらに、1934 年になると東北全域を襲う大規模の凶作があり、とりわけ北
東部地域を中心として被害状況は甚大であった。凶作地域の主要作物作柄歩合
の平均値でみると、間島地方と京図沿線地方の影響が大きく、平年作のおよそ
62-68% にすぎなかった。それに対して南満地域は比較的に災害が軽く、平均
して 83% にとどまった [12]。

　以上のように、奉天の綿織物業の打撃が大きかったのは、ほかの地域と比
べた場合、一つには小規模性にあり、今一つには奉天綿織物製品の市場となる
北満において農業恐慌や自然災害による凶作の打撃が深刻であったからであろ
う。

第4章　1931-1936年の中小綿織物業　*115*

第2節　奉天の中小綿織物工場の生産実態

1. 規　模

　営口や安東に比べ、奉天の中小綿織物業者がきわめて零細であったことはすでに前項で検討した。この零細性を資本金、職工数の階層分析によって再確認すると、1935年に奉天商工業者の平均的資本金規模7,467円であったのに対し、中小綿織物工場の平均資本金規模はわずか1,394円であり、しかも千円未満の工場が70%も占めていた[13]。労働者数をみると、綿織物工場の平均労働者数は21人で、20人未満の工場が60%もあった。資本金からみても労働者数からみても、その零細性は際立っていたといわなければならない[14]。

　このような零細規模のために奉天の中小綿織物工場の経営は不安定であり、規模が小さいほど廃業率が高い傾向がみられた。この状況を1934年と1936年の奉天の綿織物業者名簿の比較を通して検証していこう。

　章末に掲載された付表4-1と付表4-2はそれぞれ1934年と1936年の奉天綿織物業者名簿である。両名簿はいずれも『満洲工場名簿』より抽出したものであり、統計範囲も一致している。両表の比較分析を通して、以下の3点を指摘しておきたい。

　第一に、1934年末の奉天における綿織物業者は158工場であり、そのうち1936年名簿でその存続が確認できたものは81工場、存続率は51.3%であった。1934年名簿から消失したものは77工場であったのに対し、1935年と1936年末までの間に新設したものはわずか17工場であり、大幅な工場数の減少が確認できた（1936年名簿に増加したものは29工場、そのうち1934年までに創業したが、1934年名簿に掲載されていなかったものは12工場ある）。

　第二に、職工数についてみれば、1934年の158工場の一工場あたりの職工数は21人、名簿にある織布兼営紡績工場営口紡織公司奉天第一分廠を除けば、一工場あたりの職工数は18人であった。それに対し、1936年は110工場の一工場あたりの職工数は23人であり、1934年よりやや増えたことがわかる。

第三に、1934年名簿から消失した工場は零細工場に集中していた。名簿からなくなった工場は廃業者だと仮定した場合、廃業率を従業員の多寡との関連をみると、廃業者の工場あたり職工数が13人しかないという小規模零細経営のものが多かったこと、また名簿中の職工数10人以下の工場の廃業率は67.7%にも達していたことから、従業員の多い工場は存続率が比較的高く、従業員の少ない零細規模工場ほど廃業が多かったといえよう。

表4-5　奉天における中小綿織物業機台数別工場数

(1) 1930年調査　　　　　　　　　　　　　　　　　　　　　　　（単位：工場）

機台数別	力織機	構成比	足踏機	併用	計	構成比
10台以下	6	7.4%	21	1	28	18.2%
20〃	68	84.0%	41		110	71.3%
30〃	1	1.2%	7	1	9	5.9%
40〃	1	1.2%	－	－	1	0.7%
50〃	1	1.2%	1	－	2	1.3%
50台以上	4	4.9%	1	－	5	3.3%
全戸数（工場）	81	100.0%	71	2	154	100.0%
機台総数（台）	不明	－	不明	不明	2,852	－
一戸平均（台）	不明	－	不明	不明	19	－

(2) 1935年調査

機台数別	力織機	構成比	足踏機	計	構成比
10台以下	2	3.6%	20	22	21.8%
20〃	20	35.7%	14	34	34.0%
30〃	12	21.4%	9	21	21.0%
40〃	10	17.9%	2	12	12.1%
50〃	7	12.5%	－	7	7.1%
50台以上	5	8.9%	－	5	5.0%
全戸数（工場）	56	100.0%	45	101	100.0%
機台総数（台）	1,718	－	720	2,438	－
一戸平均（台）	31	－	15	24	－

出典：1930年は関東局司政部『満洲経済年報』1935年版、368頁、1935年は産業部大臣官房資料科『綿布並に織物工業に関する調査書』1937年、30頁により作成。

しかし、零細工場の淘汰を経つつ、奉天の小工場は1930年代に織機台数規模を増加させている。すなわち、表4-5の2表を比べると、20台未満の工場が1935年には大きく減少する一方、織機20台から50台所有の工場が激増しているのである。しかし、厳しい競争条件の中で、いかにして大規模化していったのか、大規模化のメリットはどのような点にあったのであろうか。残念ながら現在のところこの点については実証できるほどの資料を有しておらず、今後の課題としたい。

なお、第二次関税改正後の実業部臨時産業調査局の調査[15]によると、関税改正によって打撃を受けたのは高級織布業者であったとの指摘があるが、このリストの記載内容によれば、この指摘は必ずしも正しくない。

2. 生産コスト

満洲国の綿織物生産にとって経営を左右したものは何だったのであろうか。生産コストの検討を通してこの点をみてみよう。表4-6は1935年頃の奉天、営口、安東、哈爾濱、新京の5都市の中小綿織物工場の大尺布一反あたりの生産原価である。

ここで確認しておきたいのはコストに占める原糸代の比重である。東北地域の中小綿織物業にとって原料綿糸は決定的に重要であったことがここからうかがえよう。調査書の執筆者たちは、奉天、営口、安東の機業地としての優位の

表4-6　都市別中小綿織物工場の大尺布一反当りの生産原価（1935年）
（単位：円）

都市	原糸代	比率	生産費	比率	合計
奉天	1,885	88.5%	245	11.5%	2,130
営口	1,885	88.2%	252	11.8%	2,137
安東	1,968	88.7%	250	11.3%	2,218
哈爾濱	2,000	87.9%	275	12.1%	2,275
新京	1,918	87.7%	270	12.3%	2,188

出典：産業部大臣官房資料科『綿布並に綿織物工業に関する調査書』1937年、32頁より作成。

一つを安価な綿糸取得に求めている。確かに、奉天と営口は、奉天紡紗廠、営口紡績会社、満洲紡績会社に地理的に近いため、表からも確認できるように、ほかの地域に比べて安価で入手できた。しかし、それにしても綿糸コストは生産原価に88%以上も占めるため、原料綿糸を如何に安定的に確保するかは綿織物業者に求められることは容易に推定できる。後にみるように、零細な綿織物業者が安定的に生産活動を行うためには綿糸布商人の糸房に大きく依存せざるを得なかったのである。

表4-6において、生産原価のうち、生産費の比率はいずれの都市においても12%前後を占めていた。その内訳をさらにみていくと、表4-7のように、多い順に工賃、食費、糊料費、電力費等となっている。工賃は生産費の33-40%を占めており、食費がそれに次いでいる。当時の労働者はほとんど住み込みであり、労働者の食費は雇用者が負担していた。各都市において、工賃と食費を合わせると、ほぼ60%を占めていた。

表4-7　都市別中小綿織物工場の生産費内訳比率（1935年）

(単位：%)

都市	工賃	糊料費	電力費	燃料費	工場雑費	家賃	食費	税及会費	金利	計
奉天	36.9	15.1	6.7	1.0	1.7	5.0	25.2	6.7	1.7	100.0
営口	39.2	14.7	8.2	1.1	2.3	3.3	27.7	2.4	1.1	100.0
安東	32.9	13.2	11.5	1.3	1.6	6.6	26.3	4.9	1.6	100.0
哈爾濱	40.3	10.4	11.9	2.4	1.8	7.5	22.4	2.1	1.2	100.0
新京	37.8	12.1	10.6	1.7	1.8	6.1	24.2	4.5	1.2	100.0

出典：産業部大臣官房資料科『綿布並に綿織物工業に関する調査書』1937年、32頁。
注：20台以上の織機を使用し、綿糸1俵を用いて大尺布、粗布を生産した場合の生産費。

3.　労働者

（1）労働者の構成と移動

次に綿織物工場労働者の状況について検討しておきたい。しかし、中小綿織物工場の労働者に対するまとまった調査研究は皆無であり、断片的な資料から

推察するしかないことをあらかじめ断っておきたい。

　満洲国の中小綿織物工場労働者はどのような人々から構成されていたのであろうか。1936年の『満洲国工場統計』によれば、満洲国全域の中小綿織物工場労働者の構成においては16歳以上50歳未満の男工が71%占めており[16]、成年男子工が主力であったことがうかがえよう。同様な労働者性別的な特徴は紡績工場の織布部門にもみられる。奉天紡紗廠の織布部門の労働者構成をみると、計176名の内、男工134、女工42、女工の比率は24%で、基幹工程である紡織工程はすべて男工が行っている。

　労働力構成の今ひとつの特徴として、中小綿織物工場では、動力は人力であれ電動であれ、いずれも徒弟が一定の比率で存在することである。奉天では職工1,458名に対し、徒弟は716名、営口では1,305名の男工に対し、徒弟は831名、安東では1,552名の男工に対して徒弟は587名であった[17]。徒弟を雇用する合理性を考えると、織布生産には、機械操作は一定の熟練を要すとはいえ、下級綿布生産が中心であるため、長くて2年あれば一人前の職工とみなされる。しかも力織機がマニュファクチャー的熟練を要したとは考えにくいし、むしろ徒弟は低賃金労働者として利用されたのではないかと思われる。

　労働者の出身地は、熟練製織労働者は山東省出身者が多かったと言われているが、統計的には定かではない。奉天紡紗廠でみると、男工1,081人中208人、女工433人中78人が中国本土出身者であった。さらに、中国本土出身男工208人中202人、女工78人中73人が山東省と河北省の出身であった[18]。

　これら労働者は多くは住込み労働者であり、前述のごとく、綿織物業者は食費を負担すると同時に住居を無料で提供していた[19]。労働時間は中小綿織物業では12時間であった。兼営綿布工場では昼夜二交代制であったようである[20]。

　労働者の労働力移動については、調査が存在するのは機械制大規模工場のみである。奉天紡紗廠の調査によれば、同廠は1938年において、男工1,519人を解雇し、1,548人を募集している。女工は、891人を解雇し、951人を募集した。つまり、男女とも1年でほとんどの労働者が入れ替わる勘定であり、労働移動は激しかった特徴がみられる。中小綿織物業については不明であるが、

織物工場経営自体が短期間のうちに起業と廃業を繰り返していることを勘案すれば、中小綿織物業でも労働移動は激しかったと推察される。

（2）製造工程と労働力配置

　綿織物業の製造工程は、準備工程、製織工程、仕上工程の3工程に分けられる。準備工程として、経糸の糊付け、巻き返し、整経、綜絖通と緯糸の巻き返しがあり、これを終えて製織される。織り上げられた綿布は1反ごとに切断され、規定の反数ごとに包装される。これが仕上である。糊付けは男工が行っている。経糸巻き返しは、手織織機の工場では手廻しの座繰機を用いて行われ、力織機工場では動力用のスピンドル繰返機を使用する。普通手廻しの場合は男工が行うか、あるいは賃繰りに出されるが、動力使用工場では女工あるいは徒弟が使用される。整経は製織すべき織物に対し一定の糸数を整え、所要の幅および長さを有する経糸を供給するために行う工程である。この工程は手延式と動力式があり、手延式のものが多く、男工が使用された。綜絖通は巻き返しを終えた経糸を織機に通して整える工程であり、普通徒弟が使用されるとされる[21]。中小綿織物工場の製造工程における労働力の配置は資料的な限界で知ることはできないが、奉天紡紗廠の事例でみると、同廠の織布部門では176人の内、製造162人、保全14人であった。製造工程別にみると、準備工程は織布部門の26.1%を占める46名（男工14、女工32）、製織工程は55.1%の97名（すべて男工）、仕上工程は6.8%の12名（男工9、女工3）、補助工7名（すべて女工）となっている。規模の違いはあるにせよ、奉天紡紗廠の織布工場は自動織機ではなく、力織機であったため、その生産性は他の中小工場と大差はなかったとされていた[22]。したがって、こうした労働力の配置は中小工場でも基本的に同様であったと推定されよう。

（3）賃金支払いと賃金水準

　前述したように、満洲国の各都市でみられた綿織物工場の生産費に占める工賃の割合はおよそ40%、原料綿糸の費用も含めた生産原価においては4%前後の割合となる。この賃金水準は他の産業に比べるとかなり低いものであっ

た[23]。また満洲国の兼営織布工場の賃金水準は日本国内のそれと比べた場合、1939年では満洲国の男工は日本国内男工の約40%、女工は約60%の賃金であったといわれている[24]。

賃金支払いの形態をみると、織布工場は技能別に違う賃金支給方法を採用している。また、織布工に対してはほとんど出来高払制を採用していた。たとえば、奉天紡紗廠は織布工に対しては単純出来高払制を用いて、織布一碼あたり0.65銭とし、奨励金として100碼につき25銭が支払われた。満洲紡績会社も織布工程では等級出来高賃金制度を適用し、金巾の場合、一反あたり特等19.5銭、一等11.6銭を支給した[25]。奉天の中小綿織物工場の職種別賃金の水準と支払方法は表4-8の通りである。織布工は出来高払いであり、粗布一疋あたり給与0.2円であった。力織機で粗布を生産する場合、1日の平均的な織上高は3疋だったようで、25日従事したと仮定すると、月給15円前後となる[26]。

こうした職工の給与額に対して、徒弟の給与は月給5円であったから、織布工の3分の1程度であったことになり、1936年『満洲国工場統計』ではほぼ男子職工の2分の1とされている。統計により違いがあるが、いずれにしても、徒弟の賃金は職工の2分の1以下であり、徒弟がいかに低賃金で雇用されているかが理解できよう。

表4-8　奉天における中小綿織物工場の技能別職工の平均給与（1935年）

技能別	単　位	給与（円）
工頭	月給	20.0
修理工	月給	15.0
経糸巻返工	出来高払綿糸一玉	0.1
緯糸巻返工	出来高払綿糸一玉	0.1
綜光通工	月給	10.0
織布工	出来高払粗布一疋	0.2
糊付工	月給	12.0
経糸継工（徒弟）	月給	5.0
仕上工	月給	15.0

出典：産業部大臣官房資料科『綿布並に綿織物工業に関する調査書』1937年、36頁。

小　　括

　以上、1930年代前半の奉天を中心とした満洲国の中小綿織物業者の生産状況を検討してきた。本章で明らかにしえたことをまとめると、以下のようになる。

　奉天は東北地域の代表的な綿織物生産地であった。営口や安東における綿織物生産も盛んで、これら3地域が優位に立ったのは力織機をいち早く普及させた点にあった。しかし、1930年代半ばになると、綿織物生産における奉天の相対的な占有率の低下がみられた。その理由として本章では内的要因である奉天の綿織物工場にみられる小規模零細経営に注目した。

　奉天の綿織物工場は生産原価に占める原料綿糸の割合が高く、原料調達が経営に与えるリスクが高く利潤幅も薄い。1934年と1936年の綿織物工場名簿の比較分析からわかるように、小規模零細工場ほど厳しい経営環境のもとに置かれ、数多く淘汰された。それは関税政策による打撃および世界恐慌を起因とする農業恐慌や自然災害による凶作などによって引き起こされた市場の縮小の影響をより強く受けたからである。

　小規模零細経営でありながら、奉天の綿織物製品が下級輸入綿布に対抗することがある程度できた原因は、低賃金による低コストの維持にあった。満洲国の綿織物労働者は高い移動率を有しており、そのため熟練工の養成は困難となり、かえってそれが労働者賃金を全体として低水準に維持することを可能にした。満洲国では比較的賃金の高い紡績工場の綿布生産でさえ、「植民地以下的」といわれた日本の賃金水準の40-60%にしかならなかった。しかも、実際には織物工場には労働者の40%近くに達する徒弟と称する労働者が、職工賃金の2分の1から3分の1程度しか得ていない条件で雇用されていたのである。

第4章　1931-1936年の中小綿織物業　*123*

付表 4-1　1934 年奉天の綿織物業者名簿

No.	工場名	主要生産品名	職工数 （人）	1936 年名簿と対照 ○存続、×消失
1	営口紡織公司 奉天第一分廠	大尺布　縞木綿	486	×
2	至誠永	大尺布	125	○
3	興盛	縞木綿	87	○
4	同徳永	大尺布　綾木綿	66	○
5	瑞祥	大尺布	63	×
6	双合興記	大尺布	60	×
7	瑞豊	綾木綿	60	○
8	徳義長	大尺布　綾木綿	50	○
9	長順合	綾木綿	46	○
10	福興永	大尺布	45	○
11	鴻昌徳	粗布	45	○
12	徳遠長	大尺布	41	×
13	春盛長	腿帯子	40	○
14	天興厚	綾木綿	40	○
15	永徳興	粗布	40	○
16	徳玉永	粗布	36	○
17	益順永	大尺布　粗布	35	○
18	同茂陞	粗布	35	○
19	富興東	大尺布	35	○
20	厚生福	大尺布	32	×
21	福源慶	大尺布	32	×
22	同興利	粗布	32	○
23	増盛東	大尺布　粗布	30	×
24	長盛隆	綾木綿	30	×
25	福源東	大尺布　粗布	30	○
26	同義興	大尺布	30	○
27	瑞源陞	粗布	28	×
28	義泰永	大尺布	28	○
29	徳源	大尺布	28	×
30	福昇慶	大尺布　粗布	27	×
31	徳遠東	大尺布	26	○
32	徳順利	大尺布　粗布	26	○

33	德玉恒	粗布	26	○
34	天玉興	粗布	25	○
35	松茂	縞木綿	25	○
36	和茂東	大尺布	25	×
37	広隆源	大尺布　粗布	25	○
38	天義成	腿帯子	23	○
39	天利永	粗布	23	○
40	双合祥	粗布　大尺布	22	○
41	義増源	大尺布　粗布	22	○
42	恵聚永	綾木綿	22	○
43	義興恒	大尺布	21	×
44	利元亭	大尺布	20	○
45	裕民	大尺布	20	○
46	慶合成	綾木綿	20	○
47	于機房	粗布	20	○
48	復聚永	大尺布	19	○
49	公玉成	粗布　大尺布	18	○
50	全盛永	大尺布	18	○
51	震泰東	大尺布　タオル	18	×
52	増盛泰	大尺布　粗布	18	○
53	中興	大尺布　綿布染色	18	×
54	同発泰	大尺布	18	×
55	復興成	大尺布	18	○
56	馬機房	大尺布	17	×
57	福順長	大尺布	17	○
58	利順成	大尺布	17	○
59	源順興	大尺布	17	○
60	順興隆	タオル	16	×
61	蛙泰永	大尺布	16	○
62	宝聚永	タオル　鞋下	15	×
63	天華興	タオル	15	○
64	有餘慶	大尺布	15	○
65	瑞順興	大尺布　綿布染色	15	×
66	徳発福第一工場	大尺布	15	○
67	同盛	粗布	15	○
68	合泰興	大尺布　粗布	15	○

第 4 章　1931-1936 年の中小綿織物業　*125*

69	福盛泰	粗布	15	×
70	于機房	大尺布　粗布	15	×
71	徳盛（祥）	粗布	14	○
72	利生和	粗布	14	×
73	天増泰	粗布	14	×
74	徳盛福	大尺布	14	○
75	福興源	綾木綿　大尺布	14	○
76	明興長	帯子	13	○
77	永順興	大尺布	13	×
78	同興泰	大尺布　綿布染色	13	×
79	信成興	タオル	12	×
80	徳盛永	袋	12	×
81	重興泰	大尺布	12	○
82	東聚興	大尺布	12	×
83	徳源興	粗布	12	○
84	福興成	粗布	12	○
85	福順祥	大尺布	12	○
86	万発祥	粗布	12	○
87	洪茂長	大尺布　粗布	12	×
88	天増祥	腿帯子	11	○
89	同巨興	袋	11	○
90	徳永號	大尺布	11	×
91	天興順	粗布	11	×
92	興順泰	大尺布	11	○
93	成記	大尺布	11	×
94	振興盛	タオル	10	×
95	春玉恒	タオル　腿帯子	10	×
96	順興徳	タオル	10	○
97	毓豊厚	タオル　帯子	10	○
98	瑞盛	粗布	10	×
99	双聚永	粗布	10	×
100	徳順茂	粗布	10	○
101	永興東	大尺布　粗布	10	×
102	永興利	粗布	10	×
103	万順成	帯子	10	×
104	山成玉	大尺布	10	○

105	興順泉	粗布	10	○
106	永興泰	大尺布	10	×
107	泉増福	大尺布	10	○
108	信義永	大尺布	10	×
109	恒興隆	大尺布	10	×
110	広潤興	粗布　縞木綿	10	○
111	顔家	大尺布	9	○
112	福泰徳	タオル	9	×
113	天増盛	粗布	9	×
114	福盛徳	粗布	9	○
115	万順成	粗布	9	×
116	慶餘九	帯子	8	○
117	公茂盛	タオル	8	×
118	徳義成	腿帯子	8	×
119	永興恒	帯子	8	○
120	双合発	腿帯子	8	×
121	成利興	粗布	8	×
122	永盛長	粗布	8	×
123	成泰永	大尺布	8	○
124	復興成	大尺布	8	○
125	義合盛	タオル	7	×
126	景泰興	タオル　腿帯子	7	×
127	重発永	粗布	7	×
128	永発徳	帯子　腿帯子	7	○
129	四合成	粗布	7	×
130	義和号	腿帯子	7	×
131	増興利	粗布	7	○
132	忠発和	帯子	7	○
133	福興和	粗布	7	×
134	利茂永	粗布	7	×
135	裕源東	粗布	7	×
136	福順長	腿帯子	6	○
137	李機房	腿帯子	6	×
138	慶和長	腿帯子	6	×
139	祝帯子	帯子	6	×
140	徳義成	粗布	6	×

141	利順泰	粗布	6	×
142	徳発福第二工場	粗布	6	×
143	天興福	粗布	6	×
144	重発祥	粗布	6	○
145	信誠泰	大尺布	6	×
146	福順永	粗布	6	○
147	復興東	粗布	6	×
148	趙機房	タオル	5	×
149	同増順	袋	5	×
150	福慶長	袋	5	○
151	義増盛	粗布	5	×
152	興源水	腿帯子	5	×
153	増順長	粗布	5	×
154	孫機房	腿帯子	5	×
155	楊機房	粗布	5	×
156	李機房	粗布	5	×
157	双合順	粗布	5	○
158	鴻順興	粗布	5	×

出典：関東局司政部『満洲工場名簿』1934 年、65-69 頁により作成。

注：統計範囲は 5 人以上の職工を使用する設備を有し、または常時 5 人以上の職工を使用する工場である。ただし、官営工場は除外する。

付表 4-2　1936 年奉天の綿織物業者名簿

No.	工場名	主要生産品名	職工数（人）	1934 年名簿と対照 ○存続、◇新設、△その他
1	興盛	縞木綿	177	○
2	福慶長	袋	7	○
3	天華興	タオル	22	○
4	天利永	大尺布	20	○
5	至誠永	大尺布	41	○
6	源順興	大尺布	32	○
7	徳発永	大尺布	47	◇
8	毓豊厚	タオル　敷布	6	○
9	復興成	大尺布	9	○
10	長順合	綾木綿	40	○
11	瑞興東	大尺布	32	△
12	裕興厚	綾木綿	45	◇
13	松茂	綾木綿	35	○
14	恵聚永	綾木綿	58	○
15	徳発福	粗布	15	○
16	天順興	粗布	9	◇
17	重発祥	粗布	8	○
18	復興成	粗布	12	○
19	徳発成	縞木綿	8	◇
20	益順永	大尺布	16	○
21	重聚泰	大尺布	17	△
22	同徳永	縞木綿	57	○
23	通盛号	大尺布	32	◇
24	徳義長	綾木綿	45	○
25	同義興	大尺布	74	○
26	徳興茂	粗布	7	◇
27	興順泉	粗布	5	○
28	全盛永	大尺布	23	○
29	順発東	大尺布	28	◇
30	徳源興	粗布	8	○
31	慶昌	粗布	17	◇
32	同巨興	袋	25	○
33	万発祥	粗布	5	○

34	天合新	粗布	22	◇
35	蚨泰永	大尺布	34	○
36	利元亭	大尺布	16	○
37	富興東	大尺布	35	○
38	順興徳	タオル	10	○
39	通盛源	大尺布	23	◇
40	徳順利	大尺布	43	○
41	徳順茂	縞木綿	5	○
42	福興源	大尺布	17	○
43	明興長	帯子	6	○
44	義発合	腿帯子	5	◇
45	春盛長	腿帯子	45	○
46	有餘慶	大尺布	7	○
47	慶餘九	腿帯子	7	○
48	泉増福	大尺布	13	○
49	広潤興	縞木綿	10	○
50	福徳厚	大尺布	35	△
51	瑞豊	綾木綿	41	○
52	復聚永	大尺布	27	○
53	裕民	大尺布	42	○
54	徳遠東	大尺布	25	○
55	福源東	大尺布	35	○
56	広隆源	大尺布	32	○
57	増興利	粗布	5	○
58	福興永	大尺布	49	○
59	徳玉永	縞木綿	33	○
60	同茂陞	縞木綿	30	○
61	永徳興	縞木綿	47	○
62	福昌信	袋	13	△
63	宝全泰	袋	12	△
64	重興泰	大尺布	17	○
65	同盛	縞木綿	11	○
66	公玉成	大尺布	17	○
67	徳玉恒	縞木綿	35	○
68	同興利	粗布	17	○
69	天増祥	腿帯子	15	○

70	天義成	腿帯子	21	○
71	永発徳	腿帯子	6	○
72	永興恒	腿帯子	7	○
73	忠発和	腿帯子	5	○
74	海全盛	粗布	15	◇
75	徳盛（祥）	縞木綿	9	○
76	于機房	粗布	10	○
77	天増興	粗布	5	◇
78	双合祥	粗布	15	○
79	福興成	粗布	8	○
80	振興長	腿帯子	50	△
81	玉興盛	腿帯子	7	◇
82	魁興和	粗布	12	△
83	鴻昌徳	縞木綿	73	○
84	王帯子	腿帯子	5	△
85	同増元	粗布	6	△
86	同興洪	大尺布	14	△
87	福順長	大尺布	18	○
88	福順祥	大尺布	15	○
89	増盛泰	大尺布	18	○
90	成泰永	大尺布	9	○
91	山成玉	粗布	8	○
92	利聚泰	大尺布	8	◇
93	顔機房	大尺布	7	○
94	興順泰	大尺布	15	○
95	徳盛福	大尺布	7	○
96	双合成	大尺布	89	◇
97	徳聚興	粗布	7	△
98	福盛徳	粗布	11	○
99	双合順	粗布	5	○
100	義増源	大尺布	18	○
101	合泰興	大尺布	7	○
102	福順長	縞木綿	6	○
103	福順永	縞木綿	8	○
104	義興盛	粗布	16	◇
105	義泰永	粗布	40	○

106	慶合成	綾木綿	50	○
107	天玉興	粗布	14	○
108	徳盛祥	縞木綿	10	△
109	天興厚	綾木綿	70	○
110	利順成	粗布	8	○

出典：関東局官房庶務課『満洲工場名簿』1936 年、73-76 頁により作成。

注：①統計範囲は 5 人以上の職工を使用する設備を有し、または常時 5 人以上
　　の職工を使用する工場である。ただし、官営工場は除外する。

　　②「△その他」は 1934 年までの創業だったが、1934 年名簿に掲載されてい
　　ないもの。

注

1) 満鉄経済調査会『満洲産業統計』1932 年、産業部大臣官房資料科『満洲国工場統計』1936
年、経済部大臣官房資料科『満洲国工場統計』1938 年。

2) 第 7 章の図 7-1 を参照されたい。

3) 産業部大臣官房資料科『綿布並に綿織物工業に関する調査書』1937 年、25 頁。

4) 満洲輸入組合聯合会『満洲に於ける金巾、粗布及大尺布』1936 年、169 頁。

5) 満鉄経済調査会『満洲経済年報』1935 年版、369 頁。

6) 綿布の品質と用途について、第 2 章第 3 節を参照されたい。

7) 前掲『満洲に於ける金巾、粗布及大尺布』、58 頁、86 頁および 122 頁。

8) 前掲『満洲経済年報』1935 年版、290 頁。

9) 「市場作物の作付歩合は、北満は南満に比して著しく高く、自然経済的作物にあっては全く
その反対である」（同上、341 頁）。

10) 土地の面積の単位である。1 坰は地方により異なり、中国東北地域では 1 ヘクタール、西
北地域では 1/5 または 1/3 ヘクタール相当する。

11) 前掲『満洲経済年報』1935 年、304 頁。

12) 同上、332-335 頁。

13) 満洲中央銀行『満洲に於ける満人中小商工業者業態調査』（上巻）1937 年、22 頁。

14) 前掲『綿布並に綿織物工業に関する調査書』、193-199 頁名簿により計算。

15) 実業部臨時産業調査局『綿花、綿糸、綿布に関する調査報告書』1936 年、34 頁。

16) 産業部大臣官房資料科『満洲国工場統計』1936 年。

17) 前掲『綿布並に綿織物工業に関する調査書』、190-205 頁の 1935 年の綿織物業者名簿に
よる計算。前掲『満洲国工場統計』1936 年。

18) 満鉄調査部『満洲紡績業立地条件調査報告』1941 年、35 頁。

19) 1928 年の調査によれば、宿舎と食事の内容は次のようである。「宿舎の諸設備は頗る簡単

にて、極端なるものは豚小屋同様の如きものあり、食事も高粱米を主食物とし、一週に一度（昼食）米飯又は白麺饅頭に白菜漬物を、一ヶ月に2回（1日、15日）唯一の馳走として肉饅頭を給する程度のものに過ぎず」（「奉天織物業の現況」［昭和3年3月6日付在奉天・帝国総領事代理蜂谷輝雄報告］『週刊海外経済事情』第2号、1928年、7頁）。

20) 前掲『満洲紡績業立地条件調査報告』、35頁。

21) 前掲『綿布並に綿織物工業に関する調査書』、34頁。

22) 前掲『満洲紡績業立地条件調査報告』、85頁。

23) 前掲『満洲国工場統計』1936年の職工数と従業者給与額による各工業の一人あたり賃金額の計算によれば、紡織工業は159円（うち綿織物業は187円）、金属工業は272円、機械器具工業は304円、窯業は190円、化学工業は291円、食料品工業は496円、その他の雑工業は232円となっており、紡織工業の賃金が最も低くなっている。

24) 前掲『満洲紡績業立地条件調査報告』、19頁。

25) 前掲『満洲紡績業立地条件調査報告』、22頁。

26) 前掲『満洲に於ける金巾、粗布及大尺布』、169頁。

第 5 章

1931-1936 年の綿糸布商とその活動

　本章は、綿布生産と流通に大きな役割を果たした綿糸布商がどのような活動を行っていたのかを明らかにすることを課題としている。

　筆者は第2章で従来東北では資本主義商品の流入によって、資本主義的発展がその端緒から阻害された[1]産業だと評価されてきた東北地域の綿織物業について分析し、1920年代輸入綿布に圧迫されながらも奉天では力織機を使用する近代的綿布生産が発展しつつあったことを明らかにした[2]。しかし、そこでは織布生産に焦点を当てたために、流通過程や市場についてはほとんど触れることができなかったし、零細な機房が流通過程とどのように関係したかを明らかにし得なかった。本章では、両戦間期奉天織布業の流通過程を担った「糸房」（スーファン、綿糸布商）が織布業の発展や綿糸布流通にどのような役割を果たしていたのかをその組織と活動の分析を通して明らかにしたい。

　なお、本章の分析対象である糸房について予め説明しておきたい。糸房は奉天の独特な呼び方であり、綿糸布の卸売、小売のほかに、成長するにつれて雑貨などの商品を取り扱っていたから、衣料を中心とする一種の百貨店でもあった[3]。当時の商工人名録や奉天商業会議所の月報などでは、糸房が布舗（綿布商と表記される場合もある）、綿糸布商、百貨店などと区別されている場合もあれば、されていない場合もあった。本章の統計においては、糸房と綿糸布商など原資料で区分されているものについては別々に表示したが、以下の議論では綿糸布を扱う商人を一括して糸房と呼ぶこととする。

第1節　奉天における糸房とその組織

1. 糸房とその活動

　奉天は東北地域の代表的な商工業都市であったため、数多くの商工業者が活動していたが、1930年代の奉天の商人はどのような人々から成り立っていたであろうか。以下、奉天興信所『第二回満洲華商名録』（1933年）に基づき糸房の特徴をみていこう。

　表5-1は1933年の奉天の中国人商人を業者別にみたものである。これによると、洋雑貨商の業者数が最も多く、100にも達している。これに次ぐのが糸房と綿糸布商である。洋雑貨商は中国本土（特に河北省と山西省）出身者が多

表5-1　奉天中国人商人業種別店舗数（1933年）

業種	店
洋雑貨商	100
糸房	71
綿糸布商	71
山貨細皮店	40
米穀商	37
銭鋪	34
書籍及印刷・文具	29
製皮、製靴商	16
薬店	15
洋服店	11
貴金属店	10
山海雑貨商	9
菓子商	9
茶店	6
化粧品商	5

出典：奉天興信所『第二回満洲華商名録』（『第八回奉天商
　　　工興信録』）1933年より作成。

く、糸房と綿糸布商は山東省出身者が多数を占めており、奉天において、この二系統の商人が最も勢力が強かった。

これら業者の規模を営業総資本一店あたり平均額でみたのが表5-2である。これによれば、百貨店、機械器具金属、書物文具印刷、染色洗濯、皮革などの営業総資本一店あたり平均額が大きい。本章の冒頭で述べたように、奉天では、綿糸布商や百貨店は区別せず、まとめて糸房と呼ばれるケースはほとんどのため、業者数、規模からいって糸房が商人の中心的な存在であったといえよう。この点、奉天商工公会編『奉天経済事情』も「満商（中国人商人…引用者）中最も勢力を有するものは糸房、布荘であって、麺荘、雑貨商、五金行、其他は巨商が乏しい」[4]と述べている。また糸房は「支那側の尤も主要なる営業で商工業界の盛衰の標準たるもの」[5]とも評されていた。

表5-2 奉天中国人商工業業種別営業総資本一店当り平均額（1937年）

種別	平均額（円）
百貨店	225,577
機械器具金属	127,120
書物文具印刷	109,599
染色洗濯	91,774
皮革	65,656
穀類粉類	45,658
絹布・綿布	45,288
金融業	44,219
糧桟・油房	26,585
帽子・履物、洋品雑貨	25,035
醸造業	20,747
全業種平均額	31,436

出典：満洲中央銀行調査課『満洲に於ける満人中小商工業者業態調査』（上巻）1938年、44頁より作成。

では、糸房とはどのような存在で、どのような活動を行っていたのであろうか。その一端を1933年の『第二回満洲華商名録』の糸房名簿（章末の付表5-1参照）から作成した表5-3によって検討しておきたい。同表によれば、まず、

表 5-3　奉天糸房の経営状況（1933 年）

項目		店数	比率
合計		142	100.0%
売上高 （現大洋）	年額 100 万元以上	6	4.2%
	年額 50-99 万元	21	14.8%
	年額 30-49 万元	36	25.4%
	年額 10-29 万元	46	32.4%
	年額 10 万元未満	5	3.5%
	記載なし	28	19.7%
支配人 出身地	山東省	62	43.7%
	河北省	29	20.4%
	奉天	4	2.8%
	山西省	3	2.1%
	河南省	2	1.4%
	遼陽	1	0.7%
	天津	1	0.7%
	浙江省	1	0.7%
	記載なし	39	27.5%
支店・ 本店数	5 店以上	6	4.2%
	2-4 店	29	20.4%
	1 店	53	37.3%
	記載なし	54	38.0%
仕入先	上海	85	59.9%
	大阪	79	55.6%
	天津	47	33.1%
	営口	36	25.4%
	奉天	18	12.7%
	北平	16	11.3%
	安東	13	9.2%
	大連	9	6.3%
	記載なし	27	19.0%
販路	満鉄本線および北満地域（北へ。開原、四平街、 長春、哈爾濱など）	70	49.3%
	瀋海路（東北へ。海龍、朝陽鎮など）	37	26.1%
	四洮路（西北へ。鄭家屯、洮南など）	11	7.7%
	奉天地場、撫順などの近辺地域のみ	49	34.5%
	記載なし	2	1.4%

出典：本章末「付表 5-1」に基づき筆者により作成。なお、「付表 5-1」は奉天興信
　　　所『第二回満洲華商名録』1933 年による。
　注：原資料「糸房」「綿糸布商」2 項目合計 142 店を範囲とする。

売上高において格差があるものの、年額10-99万元（現大洋）に集中していることがわかる。

糸房の支配人（「経理人」や「掌櫃」とも呼ばれ、経営者を指す）の出身地をみると、142店のうち、山東省出身者が62店（43.7%）、河北省出身者が29店（20.4%）、山西省（2.1%）、河南省（1.4%）、天津（0.7%）、浙江省（0.7%）も合せると約70%の糸房が中国本土の出身者である。記載なし、39店（27.5%）も含めて考えると、実際本土出身者の割合はもっと高くなるであろう。ちなみに、本土出身者が多いというのは糸房に限ることではなく、奉天商工業者全体にみられる特徴であった[6]。

糸房の経営組織には「財東」（出資者）と支配人がいる。財東はもっぱら投資に専念し、支配人に営業上の全権を委任し、通常3年に一度の決算報告をみる以外は一切干渉しないと言われている[7]。いわば所有と経営が分離しており、経営者はまったく出資者に制約されることなく経営を行っていたのである。糸房の財東は前記名簿によれば、単独出資は稀で、ほとんど共同出資であり、財東と支配人の出身地はほぼ対応していた。つまり、財東の過半が山東省の資産家であったと考えられる。

支店網から明らかなように、有力な糸房は聯号を形成していた。聯号というのは「資本主ヲ同フシ屋号ヲ異ニスルモノ」[8]であり、例えば興順利は奉天の本店のほか奉天市内で興順西、利記桟を展開し、鄭家屯で興順公、新京で興順西、老興順、吉林で興順合を経営するなど、計7店舗を展開していた。また、天合利は各地に10店舗の支店を展開していた[9]。もっとも、同表に明らかなように、支店網を5店舗以上有しているのは6店にとどまっており、支店を有する糸房の大半は5店舗以下で、1店しかないものがもっとも多かった[10]。しかし、糸房全体としては記載なしの54店舗を除いた88店舗が114[11]の支店網を築いており、この支店網を通じて広範な営業エリアが形成されたといえよう。

糸房の仕入れ方法は、1915年頃は日本品については奉天に進出してきた日本商社との取引によっていた[12]が、のちには有力商人は日本から直接仕入れを行っている。表5-3によれば、1933年時点では、半分以上の糸房が大阪か

ら、約60%の糸房が上海から仕入れていることがわかる。こうした直接取引の意味については後述したい。

その販路をみると、奉天地場、撫順などの近辺地域のみならず、奉天に交差する鉄道を経由して、北、東北、西北へと広がり、吉林省、濱江省、龍江省まで達している。糸房がこれほど広範な地域における営業が実現できた要因としてはまず支店網や取引先網の完成と鉄道の整備をあげなければならない[13]。奉天市場は東北最大規模の綿布後背地を有していた[14]。後背地の確保およびその拡大はまさにこれらの糸房の営業ネットワークの拡大によって実現できたものである。その拡大はまた糸房の地方におけるその勢力の増強に結びついており、日本人商人勢力がとうてい地方まで発展できない状況を作り出したのである[15]。

資金調達の側面から糸房の活動をみてみよう。表5-4は奉天中国人商工業者の営業総資本に対する他人資本の比率を示したものであるが、同表で糸房に相当する百貨店と絹布・綿糸布商の他人資本比率は、単独出資の場合は百貨店

表5-4　奉天中国人商工業者の営業総資本に対する他人資本の比率（1937年）

	単独出資の場合	共同出資の場合
百貨店	38.6%	48.7%
絹布・綿糸布	63.4%	65.2%
金融業	65.0%	65.5%
糧桟・油房	39.0%	29.4%
穀類・粉類	79.6%	71.1%
酒・調味料・清涼飲料	16.1%	71.5%
被服類	56.6%	48.5%
帽子・履物・一般用品雑貨	69.6%	78.5%
皮革及皮革製品	64.8%	73.6%
機械・器具・金属	72.6%	57.2%
運輸業	32.7%	9.0%
全業種平均	54.4%	58.9%

出典：満洲中央銀行『満洲に於ける満人中小商工業者業態調査』（上）1938年、
　　　47-49頁より作成。

第5章　1931-1936年の綿糸布商とその活動　*139*

では38.6％、絹布・綿糸布商では63.4％であり、共同出資の場合は百貨店では48.7％、絹布・綿糸布商では65.2％であった。

　同調査によれば、中小商工業者の利用金融機関を口数でみると、全体の43％を普通銀行が占め、次いで「其他個人」40％を占めている。資金の供給者の多くは金融機関であったが、銀行に次いで多いのは「其他個人」であったことが注目すべきである[16]。この「其他個人」というのは、「聯号、財東、同業

表5-5　奉天糸房の取引金融機関（1933年）

種別	銀行名	取引糸房数	比率
日系銀行	正金銀行	34	30.6%
	朝鮮銀行	29	26.1%
	正隆銀行	24	21.6%
	満洲銀行	9	8.1%
中国系銀行	奉天商業銀行	59	53.2%
	中央銀行奉天支店	50	45.0%
	辺業銀行	33	29.7%
	中国銀行	21	18.9%
	済東銀行	15	13.5%
	中華国貨銀行	8	7.2%
	交通銀行	7	6.3%
その他中国系金融機関	世合公銀号	17	15.3%
	公済平市銀号	15	13.5%
	会元公銀号	12	10.8%
	泰記銭号	8	7.2%
	義泰長銭号	7	6.3%
	国際公司	6	5.4%
	その他9社	21	18.9%
外国系銀行	4社	11	9.9%

出典：奉天興信所『第二回満洲華商名録』1933年により作成。
　注：(1) 原資料「糸房」「綿糸布商」二項目合計142店を範囲とするが、取引金融機関の情報を記載していなかった31店を省いた。したがって、同表は111店の統計である。
　　　(2) 比率＝取引糸房数÷111店×100％
　　　(3) 糸房1店につき数社の金融機関と取引関係をもつケースが多かった。

者、親戚、同郷者、其他知己からの借入を意味する」[17]とされており、これら組織からの活発な借入は中国人商工業者が独特の組織を形成し、それに支えられて企業活動を行っていることを示している。

糸房の取引先金融機関を表5-5によってみてみると、以下の3点を指摘することができる。第一に、糸房111店のうち、30.6%のものが正金銀行、26.1%のものが朝鮮銀行、21.6%のものが正隆銀行と取引をしていることである。これら銀行と取引をもつ糸房は仕入先地の一つに大阪が入っており、一般的に荷為替手形を利用して輸入を行っていた[18]。日本からの輸入のためにこれら金融機関を利用したのだと考えられる。逆に中国銀行や交通銀行とのみ取引をもつ糸房の仕入先は上海となっている。

第二に、最も多くの糸房が取引したのは奉天商業銀行である（53.2%）。奉天商業銀行は次項でみるように、商会に結集する奉天商人が設立した金融機関であり、商人への融資や市場への資金供給を任務とし、奉天の後背地を中心に店舗を展開した。糸房は同行に支えられつつ奉天後背地に取引を展開したのである。

第三に、銀号、銭号などの在来型の中国金融機関に依存する糸房は少ないことである。5.4%–15.3%程度の糸房がこうした金融機関を利用しているが、前記『第二回満洲華商名録』によれば、在来型のみに依存している糸房はわずか1店であった。

2. 奉天市の商会と糸房

奉天市の商会は同治年間（1862-1874年）に設立された公議会がその前身であり、1902年に奉天総商会として設立された[19]。以後しばしば名称を変更し、1932年に奉天市商会と改称された。市商会時代の組織は図5-1のようになっていた。

市商会では役員として会長、副会長、会董が置かれている。会長、副会長は会董の互選であり、会董は会員の投票によって選出され、会董会が決議機関であった。これら役員、とりわけ会長は、経済的にも政治的にも有力者であっ

第5章　1931-1936年の綿糸布商とその活動　　141

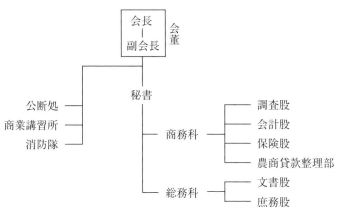

図5-1　奉天市商会の組織

出典：実業部臨時産業調査局『満洲ニ於ケル商会』1937年、4頁により作成。

た[20]。奉天市商会の前身である「奉天省城総商会」時代の1927年の規定によれば、役員の選挙権者は営業資金2,000元以上に限られ（第10条）、役員の被選挙権者は営業資金4万元以上、会長副会長は5万元以上とされた（第11条、13条）のである[21]。奉天市商会は営業資金はともかくとして、役員の選出制度自身は基本的にこの規定を引き継いだ。

業務組織は商務科と総務科2科のもとに調査、会計、保険、農商貸款整理部、文書、庶務の6股が置かれていた。2科を統括するために秘書が設けられている。この2科とは別に、公断処、商業講習所、消防隊が設けられた。

商会の会員は中華民国の男子で、企業あるいは商店の経理人（支配人）あるいは独立営業者であることを要件としていた。会員は各特別市、各市、各県および繁華な郷鎮の同業公会（同業者団体）の会員であり、同業公会がない業種の場合には商店も会員となれた。公会会員は各同業公会から1名の代表を選出でき、使用人15名増加するごとに1名増加し、21名まで超過することができた。また、商店会員の場合にも1名の代表のほか、使用人15名増加するごとに1名を増やすことができるが、3人増を限度としていた[22]。こうした会員代表選出の仕組みは有力な同業公会の利害を反映する選出方法であったといえよう。

しかし、奉天の場合このように法規どおり会員が選出されることはな

く、露天商などの小商人まで会員になっていた。すなわち、「会員総数一万三千八百八十四名、未加入商店ハ殆ンド無キ程強制加入」(1937 年前後)[23]の状態であったのである。

商人が加入せざるをえなかったのは、奉天市商会の機能にあった。「商会ノ職能ヲ多分ニ発揮シテ種々多角形ニ活動シ居ル商会ハ奉天市商会デアル」[24] といわれるように、同商会は活発な活動を行った。その活動は大きくいって 3 つに分類できる。一つは商業分野であり、第二は司法分野、第三は行政分野である。

第一の点についてみると、市商会は官憲への陳情や請願、種々の調査のほか、輸出入貨物の通関手続きの代行、当業者間の協定幹旋、産地証明などを行い、さらには市場管理や不動産貸付、金融業までも行った[25]。金融業でいえば、奉天の商会は銀行をも実質的に経営していたという点が注目される。前述の奉天商業銀行がそれであるが、同行は商業の発達を補助すること、より具体的にいえば、奉天市場への資金供給と商人への融資を目的として 1916 年に設立され、「奉天総商会ノ発起ニ係リ総商会ノ監督ヲ受」[26] けた。手形割引、商品担保貸付、預金、地金銀の売買、為替などを業務としたが、とくに興味深いのは奉天市内流通用の鈔票を発行し、奉天市場の決済通貨としようとした点である[27]。利息は市場金利より低率とすることが謳われ、商人以外とは取引しないとされた。総理、副総理のほか監理、副監理と検査員 8 名が置かれた。検査員 8 名のうち 4 名は総商会が推挙することとされ、商会から選出された検査員はいつでも銀行帳簿、預金、債務およびその他一切の文書を査閲する権限を有していた[28]。同行は 1920 年代には、哈爾濱、長春、開原、西豊、遼遠、新民、錦県などに支店を展開し、奉天日本総領事館の報告では「奉天唯一ノ信用アル銀行」[29] と評価されていた。

第二の分野についてみると、市商会は商事公断所を設置し、商人間の紛争を調停し、実質上法院(裁判所)に代わって裁決した[30]。さらに、市に代わって、公証事務や破産の整理などを行っていた。1933 年に奉天公断処が処理した案件は 110 件に達している[31]。

第三の分野では、市商会は消防隊を組織したほか、租税の代理徴収をも行っ

表 5-6　奉天市商会の役員（1937 年）

職名	氏名	商号名	業種
会長	方煜恩	奉天商工銀行	銀行
副会長	喬盡卿	恒聚成	内外雑貨、綿糸布
会董	王敏卿	天合東	糸房、卸小売商
会董	薛子遠	大徳祥	糸房、雑貨
会董	姜蔭喬	洪順盛	糸房、雑貨
会董	張志聖	吉順昌	糸房、百貨店、卸小売商
会董	張茂春	福勝公	糸房、雑貨
会董	輦天民	志城銀行	銀行
会董	湯雨忱	瀋陽銀行	銀行
会董	鄒人秀	益増慶	銭荘
会董	劉貫一	聚隆和	雑貨商
会董	張海峰	祥順成	雑貨商
会董	李仁芝	仁義和	鮮魚、野菜、食料品、雑貨
会董	願文閣	糧業公会	米穀
会董	李福堂	老福順堂	薬店
会董	郭樹藩	春和堂	薬店
会董	孫雅軒	文雅斉	薬店
会董	王筱為	福記煤局	煤局
会董	李蘊山	天恒泰	製皮業
会董	曹主堂	天徳信	文房具、紙類卸売
会董	齊子栄	義発和	銭荘
会董	王恒安	莘華新	不明
会董	劉瑞卿	永合当	質屋
会董	于煥卿	普雲居	不明
会董	趙澤蒲	麗生金	不明
会董	那俊卿	那家館	不明
北市場分事務所総商董（兼）	齊子栄	義発和	銭荘（重複）
南市場分事務所総商董	張保先	四先公司	銅、鉄、雑貨、毛織物、電用品輸入卸商
保安工居区分事務所総商董	杜成軒	泰山玉	糸房
瀋海駅分事務所総商董	董子衡	茂林飯店	飲食店
攬軍屯分事務所総商董	劉徳修	徳勝店	不明

出典：実業部臨時産業調査局『満洲ニ於ケル商会』1938 年、17 頁、奉天興信所『第
　　二回満洲華商名録』1933 年により作成。

たのである。この点については「殊に奉天、斉斉哈爾、新京等の商会は莫大なる商捐や営業税を代徴し、之によって官府を牽制し、警察行政や市政に対して干渉していた」[32] といわれる。

市商会は以上の活動をもとに市政に関与し、時には強力な組織力によって官憲に対抗した。資料によれば、市商会のこの種の甚大な市政的機能と政治上の勢力は清末より中華民国期の奉天市の商会の精神を引き継いだものであるという。たとえば、総商会時代は、1905 年に家屋税撤廃運動を起こし、全市不買同盟を組織して官憲にその撤廃を迫り、その目的を達したといわれる[33]。また、張政権成立後もっぱらその経済的権益主張の代弁者となり、「日貨抵制、国貨提唱」の総本山となっていたといわれている[34]。

市商会はどのような人々によって運営されていたかをみるために作成したのが表5-6 である。

同表によれば、役員が最も多いのが糸房の 7 名（糸房 6 名、綿糸布商 1 名）であり、次いで銀行の 3 名（銭荘を入れて 5 名）となっている。これら糸房のうち副会長喬盡卿の恒聚成をはじめ天合東、大徳祥、洪順盛、吉順昌、泰山玉などはいずれも有力糸房であった。会董会（役員会）が商会の運営に対する決定権を持っていることを考慮すると、市商会の会長[35] を出している銀行とともに、糸房は市商会に最も影響力をもっていたといえよう。

糸房をはじめとする奉天商人は以上のような商会を中心とする強力な組織に依存しながら経済活動を展開していったわけである。というよりも、一般の商人にとっては、輸出入貨物の通関手続きや産地証明の実施、商人間の紛争処理などを行う商会に加わることなしには実質的には営業できなかったのであろう。

3. 綿布生産組織者としての糸房

綿織物業者は零細であった[36] だけに、原料購入などにあたって流通過程を担う糸房に依存せざるをえなかった。あらかじめ綿織物業者（以下資料で「機房」）と糸房および染色業者（以下資料で「染房」）の関係を図示しておけば、

第 5 章　1931-1936 年の綿糸布商とその活動　145

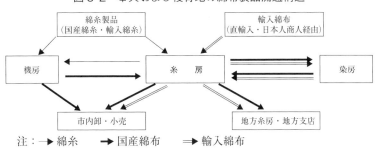

図 5-2　奉天および後背地の綿布製品流通構造

図 5-2 のようになる。

　奉天の綿布生産にかかわる機房、糸房および染房の関係を明らかにした研究は皆無であり、それらの関係を明らかにしえる資料もほとんどない。ここでは、1918 年と 1920 年のわずかな事例ではあるが、筆者が見いだした「奉天総商会公断処」の裁判資料を利用して、三者の関係をうかがうことにする。事例をみてみよう。

〈事例 1〉[37)]
　民国 7（1918）年 6 月 17 日
　原訴人：逢子良（行号：興順義）、呂秀山（行号：恒興源）、石作章（行号：天増徳）
　被訴人：李保成（行号：同興増機房）
　訴書概略：「為抗欠貨洋理討不償懇請伝究追還貨洋事情因本年旧暦正月起有大北関恒街同興増機房執事李保成向商号興順義購買洋線欠小洋三百二十二元八角九分又欠商号恒興源洋線小洋二百二十三元五角半又欠商号天増徳洋線小洋二百四十六元三角均有帳薄可稽…」
　（日本語訳：代金の未払いで訴書を提出した。今年旧暦の 1 月から、大北関恒街にある同興増機房執事李保成は、商号興順義から西洋綿糸を購入し、小洋 322 元 8 角 9 分の綿糸代未払い。ほか商号恒興源にも西洋綿糸代小洋 223 元 5 角半、商号天増徳に西洋綿糸代 246 元 3 角未払い。帳簿をもって証拠とする…）

146

〈事例 2〉[38]

民国 7 (1918) 年 7 月 14 日

原訴人：張徳懐（行号：天増徳）、殷恵堂（行号：興順義）、鄒星皆（行号：
　　　　恒興源）、戦蘭珍（行号：同勝利）、杜栄軒（行号：巨順成）

被訴人：柳洪陞（行号：同興源機房）

訴書概略：「為抗欠貨洋屢討未償懇請伝追事竊因本年旧暦正二月起有大北関
　　　　永義老櫃院内同興源機房執事柳洪陞向商号等買去洋線等物共計
　　　　小洋二千余元另有帳薄可稽原議一月期限帰還貨洋以後至期屢討
　　　　未給…」

（日本語訳：代金の未払いで訴書を提出した。今年旧暦 1、2 月から大北関
永義老櫃の敷地内にある同興源機房執事柳洪陞は、原訴人などから輸入綿糸等
を購入し、計小洋 2 千余元を買掛けした。帳簿をもって証拠となす。（同興源
は）一ヵ月を期限に資金を返済する約束である。しかし、その後何回も請求し
たが、いまだに未返済のまま…）

　二つの資料は糸房が売掛金の回収を求めて機房を公断処に訴えたものであ
る。資料に出てくる興順義、天増徳、恒興源、同勝利、巨順成はいずれも糸房
である[39]。これらの事例から糸房が掛売りによって機房に綿糸を販売してい
たことが読み取れよう。以上は 1918 年の事例であるが、1932 年の天野元之助
の調査によれば、奉天では「糸房乃至染房等の問屋が、糸を配給して製織せし
める」[40] とされているから、至誠永、天合利のような機房から出発して糸房を
も兼営するような規模に成長した一部の機房を除いて、機房と糸房のこうした
関係は 1930 年代にも大きくは変わっていなかったと考えられよう。

　以下の事例は糸房が染房に染色を依頼したことを示すものである。

〈事例 3〉[41]

民国 9 (1920) 年 12 月 9 日

原訴人：曲善之（行号：中順恒、住所：四局二分署）

被訴人：協和福染房（住所：大北関）

訴書概略：「具呈人四局二分署門牌 368 号中順恒執事曲善之為欠布不交籍端

交吾懇為設法催交以保信用而昭公允事竊小号於旧暦七月初八日
在大北関協和福染房染十丈山羊於藍細旗布五匹即至七月二十二
日收回一匹二十六日又收回一匹半均有帳可稽延至八月節両造算
帳小号…尚缺於藍細旗布二匹半…」

　（日本語訳：訴書の提出人は四局二分署368番中順恒執事曲善之である。事
由は綿布を返却日が過ぎても返却してくれないこと。中順恒は旧暦7月8日に
大北関協和福染房に10丈山羊於藍細旗布5疋の染色を依頼した。7月22日に
1疋、26日に1疋半を回収した。8月15日（中秋節）の際に残りの2疋半は
まだ未返却…）

　事例3からわかるように、糸房は染房や地方商人と取引関係をもち、機房か
ら引き取った生地綿布の染色を染房に依頼した。

　上記三つの事例から次のようなことがいえよう。糸房は機房に原料綿糸を供
給するだけでなく、染房や地方商人と取引関係をもち、機房から引き取った生
地綿布を奉天市内、あるいは地方・背後地に販売する一方で、綿布の染色を染
房に依頼した。織布生産・販売の要の役割を果たした綿布生産の組織者であっ
たといえよう。

　綿布生産で最大のコストを占めるのは綿糸である。1924年と1937年の資
料によれば、綿糸代が生産コストのそれぞれ73％と90％を占めていた[42]。
規模の零細な機房にとって綿糸購入は大きな負担であったことは間違いない。
糸房による機房への信用の供与は零細機房が現金を準備することなく生産を行
うことを可能にしたといってよく、その意味では糸房は奉天の小規模織物業の
発展に大きな役割を果たしたのである。

　糸房が綿糸の掛売りを行うのは、おそらくそうすることによって、綿布を安
価に買い入れるためだったと考えられる。この点については1919年の資料で
あるが、次のように述べられている。「原糸の買入は、稍規模大なるものは自
己の計算に於て市中の綿糸商より仕入れ、製品は市中の問屋（糸房…引用者）
に売買するも小規模のものにありては原糸と製品とを交換しつゝあり」[43]。ま
た奉天に関する資料ではないが、1923年頃の営口の状況について「当地方に
於ける織布工場製品は、大屋子（奉天でいう糸房…引用者）之を買付けて転売

するを普通とするも、大屋子は原料を織布工場に供給して其製品を引取ること
あり。此場合に於いては大屋子は工賃として1疋に付、炉銀2銭乃至3銭を
支払つて居る」[44] とされている。また、1933年の満鉄調査部の鉄嶺における
調査でも、「機房は殆ど毎日出入りの糸房に出掛けて、その製品を糸と交換す
る」[45] と報告されている。

　資料によれば、1928年現在の奉天の代表的な織布兼営の染色業者東興色染
紡織公司は糸房経営者である魯廣楊（8,500元）、盧秀峰（7,500元）、張作卿
（7,000元）、ほか職工2人（各6,000元）が資金を出し合って創立された。ま
た、第一次大戦期の綿織物工場設立ブームの際に、綿糸布商が兼営する形で織
布工場を設立させる事例が数多くあったことは営口でも確認できた[46]。この
ように、糸房の傘下にある機房は直接的に、一応経営が独立している機房は間
接的に糸房に依存していたのである。しかし、糸房による支配が機房の蓄積の
障害となっていた事実も指摘されている。たとえば、『満洲経済年報』では機
房の採算関係の決定的部分が、もっぱら綿糸供給を行う糸房の原糸価格に規定
される点が強調されている[47]。

　糸房は奉天における綿布生産の組織者でありながら、綿布商でもあった。前
に触れたように綿布の輸入にも重要な役割を果たしていた糸房は、複雑な二面
性を持っている。以下では輸入綿布取扱業者のとしての糸房を検討しよう。

第2節　日本人商人の進出と奉天商人の直輸入

1. 奉天綿布市場とその担い手

　1930年代において、満洲の綿糸布の需要は、綿糸では太番手の13-23番手
が中心であり[48]、綿布では大尺布、粗布、細布などの下級綿布の需給が中心
であった[49]。これらの綿糸布商品は1920年代から満洲国成立頃までは、日本
のほか上海や天津から輸移入され、満洲国成立以降は日本からの輸入が圧倒
的比重を占めている[50]。日本から輸出された綿糸布は主に安東と大連を経由

第5章　1931-1936年の綿糸布商とその活動　*149*

して東北の内陸に輸送されていき、奉天はその中心的な取引市場であった[51]。たとえば、1934年、安東と大連経由で輸入された綿布は東北地域全体輸入量の92%を占めており、そのうち、それぞれ安東経由の45%と大連経由の38%が奉天に向けられた[52]。さらに奉天からは輸入綿糸布に加え、奉天産の綿布が移出されていった。

第1章ですでにみたように、奉天市場で取引された綿布の8割前後が後背地に発送され、その主な仕向け地は、満鉄線（29%）、奉山線（20%）、四洮線（9%）、奉吉線（8%）などの鉄道沿線各地であった。奉天市場に残される綿布は2割前後を占めているが、これも完全に地場消費のものではなく、小包輸送を利用して遠隔地へ発送したものも含まれている。地場消費と小包輸送の割合についてであるが、加工綿布でみると7対3程度であるといわれている[53]。

この奉天発着の綿布を取り扱ったのは日本人商人と糸房などの中国人商人であった。日本人商人の進出についてみれば、主に日露戦後から始まり、満州事変期までの時期は満鉄を中心とした国家資本を別とすれば、商業分野に参入してきたのは多くは小資本零細業者であった。また、東北地域の輸出品の大宗であった大豆三品や輸入品の中心であった綿糸布の取り扱いには三井物産など巨大商社が参入していた[54]。満州事変以降、特に満洲国建国を契機に「本邦商社の記録的増加すなわち内地資本の積極的進出」[55]がみられたのである。例えば、大阪を本社とする商社をみると、満州事変以前には50数社であったのが、1938年には170社を数えるにいたったといわれている[56]。綿布取扱状況に関していうと、1934年の奉天における日本商社9社が綿布を取り扱っているが、東洋綿花（三井物産）、伊藤忠商事の上位2社だけで40%、不破商店、日本綿花、江商を含めて上位5社で76%も占めており、寡占的な市場であった[57]。

日本人商人と中国人商人は奉天の綿製品取引において奉天駅到着と発送では優位性が異なっていた。それについて表5-7でみてみよう。

まず、到着の項目をみると、綿糸布合計は奉天駅に到着するまでは、日本人商人が60.3%、中国人商人39.7%を取り扱っており、主要な担い手は日本人であり、とりわけ綿糸輸移入における日本人商人の優位が確認できる。綿布の場合は日本人と中国人の比率はわずか5%前後しか差がなく、綿布の取扱量は綿

表 5-7　奉天駅到着、発送綿製品数量（1934 年）

		綿糸		綿布		綿織物		合計	
		日本人	中国人	日本人	中国人	日本人	中国人	日本人	中国人
到着	数量（梱）	31,313	3,355	64,431	60,565	13,898	8,381	109,642	72,301
	比率	90.2%	9.8%	51.5%	48.5%	62.4%	37.6%	60.3%	39.7%
発送	数量（梱）	22,514	5,426	17,909	57,729	686	3,658	41,109	66,813
	比率	80.6%	19.4%	23.7%	76.3%	15.8%	84.2%	38.1%	61.9%

出典：満洲輸入組合聯合会『満洲に於ける綾織綿布並加工綿布』1936 年、373 頁、382 頁。

糸より多いため、日本人商人が優位にあるとはいえ、中国人商人の勢力も無視できないといえよう。

　しかし、発送をみると事情は異なってくる。綿糸において日本人側は圧倒的な優位にあるが[58]、綿布においては中国人側が優勢で76.3％を占め、その数量は5万7,729梱であった。奉吉沿線並びに奉山線沿線への発送品はすべて中国人商人の取扱品であるといわれるように、日本人商人が満鉄沿線大都市以外の地に根拠を有せず、いわゆる奥地方面に連絡関係を有していない[59]のに対し、糸房などの中国人商人が地方でその勢力を拡大し、広大な営業網をもっていることと深く関わっている。

　それ以外に、中国人商人は取引において順応性があるという特徴も補足しておきたい。これについて、奉天商工会議所調査課商業係主任阿部光次による経済視察記録（1935年10月25付）では、奉天後背地における日本人商人と中国人商人の商品取引について次のように記している。

　「朝陽鎮に至るまでの沿線各地は完全なる奉天の後背地である。主要なる輸入品は綿布類、綿織物、人絹織物、メリヤス類、服装用品、ゴム製品、食料雑貨、陶磁器、琺瑯鉄器、化粧品等ですべて日本品である…（中略）商品の仕入れは多くは奉天の満商からで、奉天の日本商とは取引の条件か（ママ）難しいのでやりにくいといはれる。取引は現金取引が多いが従来取引のあるものは四割の手付金を交付し、年三回の決済期に決済している。資本金の大なるものは奉天の大商店に店員を駐在せしめ、或ひは委託して臨時満商、日本商より購入

するが、満商の方は小口の取引にも応じてくれるが、日本商は綿布など一梱以上でなければ応ぜぬし、しかも現金の持合せがないとか、足りないとかの場合には取引ができない、満商はこの点頗る融通性に富んでいるから勢ひ満商に頼ることになるのである…」[60]。

2. 奉天商人の直輸入

　日本人商人の進出に対して、多くの中国人商人は地方都市との取引など日本人商人と競合しない領域で取引を展開していったが、一方で日本からの直輸入によって対抗しようとする中国人商人も出現・成長した。

　中国人商人による日本商品の直輸入（直接仕入れ）は、1920年代から始まっていたが、満州事変で一旦中断し、事変後銀価騰貴と関税改正の追い風を受けて急増した[61]。綿糸布関係をみれば、前掲表5-3に明らかなように、1933年に奉天の糸房は上海から仕入れるもの85店、大阪から仕入れるもの79店となっていた。

　1936年末、大阪には中国本土と満洲国からの商人が約3,200人いたとされ、そのうち川口に居住するものが最も多く約1,400人であったといわれている[62]。貿易に従事する中国人はほとんど川口に集中しており、川口華商と呼ばれていた。1930年代、これら川口華商による取引額は急増した。大阪港からの中国東北、華北、華中の3地域向け輸出における川口華商の取扱比率は、1932年には13.9％、33年には34.6％、34年には46.2％と急増し[63]、35年には表5-8のように、56.6％にも達し、東北向け輸出に関していえば、川口華商が占める割合は58.4％であった。

　川口華商の本店所在地についてみれば、1935年において東北地域（132）と中国本土（華北、華中計129）の店舗数は拮抗しており、奉天は23店であったという[64]。表5-8からもわかるように、川口華商の取扱額7,800万円のうち、4,200万円（53.8％）が東北向けであり、奉天向けにも輸出貿易が盛んに行われたことが推定できよう。

　直接仕入れを行った中国人商人は中国では有力商人ではあったが、日本の商

表 5-8　中国向け輸出の大阪川口華商が占める割合（1935 年度）

（単位：千円）

	東北向	華北向	華中向	合計
大阪港輸出額	71,905	35,334	30,634	137,873
川口華商取扱額	42,000	25,000	11,000	78,000
川口華商取扱比率	58.4%	70.8%	35.9%	56.6%

出典：内田直作『日本華僑社会の研究』同文館、1949 年、28 頁。

社や卸商に比べると格段に規模は小さかった。日本の標準でいえば中小規模の商人に過ぎなかった彼らの直輸入を可能にした一つの条件は、川口における華僑・行桟（ハンサン）の存在である。『阪神在留ノ華商ト其ノ貿易事情』は行桟について次のように述べている。「行桟ハ一種ノ旅館タル客桟ノ性質ヲ帯ブルモ其ノ宿泊者ハ満洲等ニ本店ヲ有スル貿易商ノ出張員ニシテ行桟内ニ常駐シ自室ニテ仕入レニ従事シ、行桟ノ営業主又客ノ帰国中等ニ該商店ノ為仕入レヨリ積送ニ至ル迄ノ代理行為ヲナス等ノ点ニ於テ一般ノ客桟ト全々其ノ趣ヲ異ニシ川口ニ有スル華商ノ一大異色デアル」[65]。

　ここから明らかなように、行桟は中国人商人の共同事務所であっただけでなく、仕入業務のサポートや代行も行っていた。その実際の状況を表 5-9 によってみてみよう[66]。同表に示したのは川口行桟で仕入に従事している奉天出張員の出身店と彼らの取引商品である。

　同表によれば、出張員の出身店舗はほとんど綿布商と雑貨商からなっており、綿布と雑貨が彼らの主とした取扱商品であった。一つの川口行桟には数店あるいは十数店の出張員が拠点を構えていた。これらの奉天出身商人は他の中国人商人と同様、大阪において独立した店舗を構える者はほとんどなく、コストを抑えるために大半が行桟に止宿している。行桟は宿泊出張員 1 人につき 1 人の特定店員を付けて出張員をサポートしていた。その店員は出張員と常に行動を共にして問屋よりの仕入、運送、保険などの手続に際して通訳となり、あるいは代わって電話での応対などの業務に従事した。行桟といういわば共同事務所を活用するという方法は日本で店舗を置くより相当多額の経費を節約することができる。「川口華商の資本金は 1,000 円以下が 1 軒、50 万円以上は協

第5章　1931-1936年の綿糸布商とその活動　*153*

表5-9　川口における奉天出身出張員と取引商品（1936年）

川口行桟		奉天出身出張員	
館名	行桟名	取扱商品	出張員出身店舗名
7番館	徳順和	綿布	中順公 中順昌 洪順盛 興順西
14番館	泰東洋行	百貨	吉順糸房
		綿布	吉順昌
24番館	東順茂	文房具	益順興
57番館	振祥永	綿布	徳裕永 永和成 徳順成
		雑貨	和順成 徳泰永 鴻泰成
63番館	乾生桟	雑貨	福盛興 徳順興 金順成 慶泰永 義増源 義巨成 天増順 福昌盛 徳聚永
		綿布	興泰号 裕泰盛 錦成泰 同義隆 益豊号 裕成恒 協源泰 双合桟
64番館	公順桟	綿布	興順洋行
66番館	天盛桟	綿布	義増号
95番館	徳昌裕	綿布	同康厚

出典：商工省貿易局『阪神在留ノ華商卜其ノ貿易事情』1938年、69頁より作成。

茂桟1軒のみで、平均3万3,000円という小資本であった。261軒中、180軒の商店が店員1名という小規模で」経営していた[67]。彼らの諸経費は本国からの支給に仰ぐ必要がなく、「在留取引中の諸収入を以て支弁し、尚余剰を生じ、本国に届くるのを例とする」[68]。たとえば、出張員は川口で取引を行う際に、契約値段よりある一定の歩合を割引する風習があり、これは出張員の手数料ともみなされるもので、出張員はそれによって在阪経費を支弁する財源となる[69]。

東北地域では既述のように日本人商人が寡占的に綿糸布を取り扱っているのに対し、大阪では問屋筋の売込競争が激しいため、東北において仕入れるよりも有利に仕入れることができた点に彼らが直輸入に進出した最大の理由があったが、以上のような川口行桟制度がさらにコスト削減を可能としたといえよう。また上記に加え、東北地域で仕入れる場合はすべて現金払いで、大阪へ出張して仕入れる場合は半月ないし一ヵ月の延払が許されていた点も糸房を代表とする奉天商人が大量に大阪に出張員を派遣し、直輸入を行った要因として指摘できよう[70]。

こうした糸房を中心とする中国人商人の直接仕入れは二つのことを意味し

ている。一つは、奉天の中国人商人は川口華僑のような出張員による流通網を利用しつつ自前の流通機構を構築して、商社を中心とする日本人商人の進出に対抗していたことである。奉天における綿布や綿織物取扱高で1930年代においても中国人商人が日本人商人と拮抗しえたのも、こうした川口への中国人商人の進出があったからであろう。この点を、近年の流通ネットワーク論の視点を借りて表現すれば、奉天の糸房など中国人商人は自国の華僑によって築かれたネットワークに依存して日本人商人に対抗し、大阪の綿布輸出商は中国人商人に依存して販路を拡大したのである[71]。

もう一つは、糸房が綿布を輸移入することによって、奉天を中心とする東北の綿織物業の発展を制約するという意味をもっていたことである。彼らは綿糸の直接仕入れによってより安価な綿布原料供給者になったのではなく、綿布の直接仕入れによって、東北地域の綿布製造業者を圧迫する存在となったのである。彼らが綿糸ではなく綿布の仕入れに積極的だったのは、もちろん仕入れ側の要因も考えられるが、満洲国の関税政策のために綿糸輸入より綿布輸入がより有利であったことも影響していたのであろう[72]。

しかし、上記のような中国人商人の仕入出先機関としての大阪川口華商の活動は戦時期に入ると急速に衰退した。その衰退過程および要因については今後の研究が必要であるが、さしあたり第7章で明らかにするように、満洲国産業開発五ヵ年計画の一環として取られた満洲国の綿業統制が最大の要因であろう。

1937年以降、満洲国では資源の現地開発（現地調弁主義）が要求され、綿業においては①生産設備増設を特徴とする生産統制、②第三国からの輸入を制限することによって国際収支の均衡を図ることを目的とした貿易統制法、という二本柱による統制政策が施行された。その結果、①は日本国内遊休紡織工場の満洲移駐が積極的に展開され、②は原棉および綿製品の輸入に関わる輸出入業者はすべて政府の許可制とし、満洲綿業聯合会の会員指定を受けた伊藤忠商事などの有力日本商社のみ輸入業務が許され、川口華商などによる貿易活動、いわゆる一般の輸出入活動は禁止されるようになった。このように、直輸入業者としての奉天商人の活動は1930年代後半の戦時経済統制とともに停止を余

儀なくされた。

　小　　括

　以上、奉天の糸房とその活動について検討してきた。明らかにしえたことを以下にまとめて結びとしたい。

　第一に、奉天の糸房はまず何よりも奉天後背地に営業エリアをもつ綿糸布商であった。有力糸房は聯号を形成し、奉天市内だけでなく他都市にも同系店舗を展開して販路を拡張した。その営業エリアは広大で奉天省の他、吉林省、濱江省、龍江省まで達している。奉天は1920年代以後東北最大の綿糸布市場の地位を得るが、それを実現した主体がこの糸房であったのである。

　さらに、1930年代半ば、満洲国の成立を背景に日本人商人や商社が進出してきた。奉天駅の綿布取扱では到着製品では日本人商人（51.5％）と中国人商人（48.5％）の取扱量はほぼ拮抗していたが、同駅から発送される綿布、綿織物の取り扱いでは中国人商人が80％前後に達し、有力であった。これは、新京や哈爾濱などの大都市を別にして、地方都市に拠点をもたない日本人商人に対して、奉天の綿糸布商たる糸房が地方においても強固な流通ネットワークを形成していたことや融通性に富んだ取引方法が奏功したからにほかならない。

　第二に、糸房の活動は自ら属する商会組織に支えられていた。奉天の商会は中国東北地域の商会のなかではもっとも多面的な活動を行った商会であったが、とくに糸房の経営を支えた金融機関の役割が注目されよう。彼らの営業資本の過半が金融機関や同業者、聯号、同郷者などから調達され、とりわけ大きな役割を果たしたのが彼ら自身で設立した奉天商業銀行をはじめとする銀行であった。

　第三に、糸房はたんに綿糸布を日本人商人などから仕入れ、地方に販売するだけでなく、仕入れた綿糸を機房に供給し、その製品を買い取り、染房に加工させる商人でもあった。糸房は織布生産・流通の要の役割を果たし、いわば綿織物業の組織者であったといえよう。奉天の機房は小規模であり、糸房は綿糸

商として機房に原料綿糸を前貸しによって供給して、彼らの生産活動を可能と
していった。従来、糸房については直接的生産者たる機房に吸着する面が強調
されてきたが、輸入綿布の圧迫にさらされながら小規模な綿織物業が展開し得
る条件の一つはこうした糸房の活動にもあったことに留意すべきであろう。

　第四に、糸房は進出する日本人商人に対し、日本に築かれた華僑のネット
ワークを活用して直輸入を展開し、奉天到着の綿布取引においても日本人商人
と拮抗する地位を占めることに成功した。籠谷直人は1930年代の綿布輸出が
神戸・大阪の華僑や外国人商人に依存して展開されることに注目しているが、
その一部、しかも重要な一部を担ったのが奉天の糸房であった。彼らは大阪川
口の華僑駐在員に依拠しながら直輸入を展開し、直輸入することによって奉天
を中心とする綿布の流通市場で日本人商人に対抗しえたのである。もっとも、
その直輸入業者としての活動も日本の有力商社や製造業者の東北進出、さらに
は戦時期の貿易統制とともに停止を余儀なくされたことも付け加えておかなけ
ればならない。

第5章　1931-1936年の綿糸布商とその活動　157

付表5-1　奉天市の糸房名簿（1933年）

No.	店名	営業科目	売上高	出資者出身地	仕入先	販路	支店・本店
1	興順利	糸房	230	山東	大阪、上海	奉天、撫順、瀋海路沿線、鉄嶺、開原、四洮路および北満各地	奉天興順義、興順西、利記桟、鄭家屯興順公、新京興順順西、老興順、吉林興順合等各地七軒余
2	吉順糸房	糸房、百貨店	150	山東	大阪、上海、天津	奉天を主とし、北満、四洮、瀋海両鉄道沿線	
3	吉順昌	糸房、百貨店、卸小売商	130	山東	大阪、営口、安東、天津	奉天を主とし、鉄嶺、開原並びに瀋海鉄路沿線	奉天吉順隆および通遼吉順盛、吉順利並びに黄県吉順和の五店
4	洪順盛	雑貨	110	山東	大阪、上海	奉天、鉄嶺開原、新京、撫順を主とし北満各地	奉天洪順慶、泰和商店、鉄嶺洪順泰、洮南洪順公及海倫洪順盛など
5	趙興隆		100	山東	上海、営口、天津、趙興順	奉天、撫順、鉄嶺、新京、開原、東豊、西豊、四洮線沿線	奉天興順慶、新京興順德、撫順興隆德及興隆陵岐、吉林興隆客々など五万文店
6	和發永	糸房	96	河北	大阪、上海、天津	龍海、山城、西豊、開原、四平街、公主嶺の各地	奉天附属地永茂祥
7	德興源	糸房、綿布	92	山東	大阪、上海、営口	奉天、鉄嶺、開原、昌図、四洮、瀋海両鉄道沿線	
8	福恒隆	糸房、雑貨、小麦粉、石油	90	山東	大連三井、三菱、鈴木、上海、哈爾濱	奉天および城内、北鎮、本渓、遼中、泰安各地	奉天福恒泰糸局、福恒西面粉商、恒盛号面粉商、泰記号面粉商
9	增盛東	糸房	85	山東	大阪、上海、営口	奉天、泰安、撫順、興京、恒仁、通化等各地	新京增盛号、鄭家屯鄭盛益店
10	裕盛東	糸房	83	山東	大阪、上海、営口	奉天を主とし泰安、撫順、興京、恒仁、黒竜江両省	
11	天合利	糸房、雑貨	80	山東	大阪、上海	新京、安東を始めとし瀋海路沿線	奉天天合輔、天合東、天合源及天合源合東各地支店十余軒
12	源豊東	糸房	80	河北	大阪、上海	奉天、鉄嶺、新京、開原、法庫、遼中、北鎮各地	奉天源豊茂
13	天合輔	糸房、百貨商、卸小売店	68	山東	大阪、上海	奉天、鉄嶺、開原、新京、法庫、遼中、北鎮各地	天合利は本店
14	泰和布店	糸房、百貨商、卸小売店	65	山東	大阪、上海、天津	奉天を主とし瀋海路線及錦県各地	洪順盛は本店
15	天合東	糸房、百貨商、卸小売店	65	山東	大阪、上海	奉天を主とし瀋海路線及錦県に至る奉山路線各地	天合利は本店
16	興茂厚	糸房、染色工場	65	山西	大阪、上海、大連	奉天、康平、昌図、開原、鉄嶺、海龍各地	遼陽興順長、通遼興順北
17	福盛永	糸房	65	山東	上海、天津、北平	法庫、昌図、鉄嶺、西豊および瀋海線沿線各地	福盛源糸房
18	泰山玉	糸房	65	河北	北平、天津、上海	新京、吉林、四平街、公主嶺、遼陽、遼中、北鎮	奉天北市場泰山玉
19	同義合	糸房、染色工場	52	河北	大阪、上海、天津	奉天附属地、法庫、新民、鉄嶺、遼中、北鎮	奉天工業区泰山玉
20	廣泰德	糸房	52	山東	大阪	彰武、法庫、新民、鉄嶺、遼中、北鎮	

		商号	業種	省	都市	販売地域	支店・備考
21	46	讓祥泰	糸房、百貨間小売店	山東	大阪、上海、天津、営口	奉天および撫順並びに濱海沿線、鉄嶺、開原、北鎮の各県	奉天讓祥泰
22	42	同義合	糸房、軍用衣服裏綿糸布	河北	大阪、上海、天津、営口	奉天を主とし撫順、鉄嶺、四平街、通遼並びに北鎮、黒山各地	奉天附属地と哈爾濱に支店あり
23	42	義豊長	糸房	河北	上海、天津、北平、営口	奉天地場	奉天北市場義興長／天合利
24	41	源合東	糸房、綿糸布	山東	満洲本店より	奉天を主とし藩海路沿線各地	
25	41	德興和	糸房、綿糸布	山東	大阪、安東、営口、大連、天津	奉天、鉄嶺、長吉、藩海、洮南、範家屯各地	通遼德興和、洮南德興和、範家屯德興和、西豊県徳興和、朝陽鎮徳興利五支店
26	40	福悟泰	糸房、雑貨、小麦粉	山東	大連三井洋行、哈爾濱、安東	奉天および城西、新民、撫順、本渓、遼中各地	
27	38	天德成	糸房、雑貨	河北	大阪、東京、上海、北平、天津	奉天を主とし、北満各県および吉林、屯儔等各地	哈爾濱天成利、双城保天光成
28	36	恒祥源	糸房、雑貨	山東	漢口、杭州	奉天、法庫、輸樹、西豊、鐵嶺、撫順各地	奉天西同興源
29	36	利順承	糸房	山東	大阪	奉天、鐵嶺、開原、西豊並びに四洮路沿線	
30	36	同興元	糸房、綿糸布	山東	上海、北平、天津	城西各県および新民、北鎮、遼中、錦県等各地	
31	35	吉順洪	糸房	山東	本店より	奉天を主とし、四平街、四平街、錦県など北部満鉄沿線各地	吉順昌糸房は本店
32	35	久和隆	糸房	浙江	杭州、上海	安東、興京、遼陽、海龍、西安、鉄嶺、開原の各地	
33	35	増發鈺	糸房、綿糸布	山西	大阪、上海、天津	奉天、吉林、撫順、荘河、北鎮各地に至る	奉天附属地恒祥久、新京増發利
34	33	福成泰	糸房、雑貨	山東	大阪、上海	奉天、撫順、本渓、龍江両省各地に至る	
35	33	源豊盛	糸房、雑貨	山東	大阪、上海	奉天を主とし吉林、撫順、本渓、北鎮各地	裕泰東、裕泰公
36	32	裕泰盛	糸房、雑貨	山東	大阪、上海、営口	奉天を主とし城西各県並びに南本渓湖各地	阜順西
37	32	阜豊東	糸房、雑貨	山東	大阪、上海	奉天を主とし藩海路沿線各地及び満鉄各県	中順公綿糸布房、中順公綿糸布荘
38	32	中順恒	糸房、雑貨	山東	大阪、上海、天津	奉天、遼中、北鎮、新民各地	
39	32	永源恕	糸房、雑貨	河北	大阪、上海、天津、北平、安東	奉天、遼中、撫順、本渓、遼中、北鎮各県地	
40	31	興順義	糸房、雑貨	山東	大阪、上海、営口	奉天、城西各県、北鎮、蓋安各地	奉天大興俊
41	30	大興隆	糸房、雑貨	山東	上海、天津、北平	奉天、撫順、北鎮、蓋安各地	
42	30	同協利	糸房、綿糸布	山東	大連、天津	奉天および藩海路沿線、鉄嶺、開原、法庫	通遼同協利、鄭家屯同協利
43	28	興順西	糸房、雑貨、染料	山東	大阪、上海、営口、安東	奉天を主とし四洮路沿線各地、鉄嶺、開原、法庫、四平街、新京各地	
44	28	孚利順	糸房、雑貨	山西	上海、天津、北平	奉天各県および四洮路沿線各地	通遼支店利祥（通遼支店）、鉄嶺孚利合
45	26	讓祥源	糸房、百貨商、卸小売商	山東	上海、大阪、天津	奉天を主とし、黒山、蓋安、北鎮及び撫順	讓祥泰の支店
46	26	英利源	糸房、雑貨	河北	営口、上海	臨口、通化、興京、西安、撫順各地	
47	25	吉順隆	糸房、雑貨	山東	本店より	奉天を主とし、本渓、撫順、蓋安各地	吉順昌糸房は本店

第 5 章　1931-1936 年の綿糸布商とその活動　*159*

49	新順昌	糸房、綿糸布、人造絹	25	山東	上海、杭州、温州	奉天附属地および南満路沿線各地	
50	裕泰東	糸房、雑貨	23	山東	大阪、営口、天津	奉天より満海路沿線および城西、北鎮、農安各地	
51	天増福	糸房、雑貨	23	遼陽	大阪、遼陽紡績廠、元紡績廠、北平、大連	奉天を主とし満海路沿線並びに北満各地	通遼天増合
52	讓祥恒	糸房、綿糸布	22	山東	大阪、上海、安東	奉天を主とし、満海路沿線、満海路線各地	
53	恒興長	糸房、小麦粉	22	山東	大阪、上海、営口、安東	奉天を主とし、撫順、遼中、鉄嶺各地	恒興茂、恒興長、恒興成および恒興盛の四支店
54	福勝公	糸房、雑貨	21	山東	大阪、上海	奉天地場、満海沿線各地	
55	五源商店	糸房、雑貨	20	河北	上海、北平、天津	奉天を主とし南満路沿線各地	
56	天興信	糸房、綿糸布	20	山東	上海、天津、北平	奉天、撫順、本渓、遼安、新民各県	
57	德慶元	糸房	20	河北	上海、北平	盤山、法庫、北鎮、遼安、新民	奉天德慶増、四平街元祭態
58	同興長	糸房	18	河北	上海、北平	奉天、各県におよぶ	奉天同順長
59	德順源	糸房、雑貨	15	山東	上海、天津	奉天北市場を主とする	奉天大德祥、大德銈鴻記
60	大德祥記	糸房	15		地場	地場	
61	新新商店	糸房	15		大阪、上海	地場	
62	源豊茂	糸房、貴金属	14		営口、大連、京都	地場	
63	中順昌	糸房、雑貨	12	山東	大阪、上海	奉天、北鎮、新民、遼中、泰安、黒山、本渓各地	
64	恒祥祥	糸房、雑貨	11	山東	大連、営口	奉天、城南各地	奉天小両関大德祥荘
65	恒祥久	糸房、綿糸布	11	河南	上海、天津	奉天、南満鉄路沿線各地	
66	天興元	糸房	11		大連、東京、地場	地場	
67	鴻増祥慶記	糸房	10		上海、東京、大阪、大連	地場、省西各県	奉天鴻増興隆
68	恒茂昌	糸房	8		地場	地場	
69	慶泰成	糸房	8		地場	地場	
70	鴻興隆	糸房	7		地場	地場	鴻増祥慶記
71	信源長	糸房	7		地場	地場	北市場信源長

出典：奉天興信所『第一回満洲華商商名録』（第八回奉天商工興信録）1933 年より作成。
注：売上高は年額、現大洋元。

注

1) 満鉄経済調査会編『満洲経済年報』改造社、1935年、361-376頁。

2) 詳細は第2章を参照されたい。

3) 糸房については、上田貴子も一連の優れた研究成果を出されている。また、『瀋陽市第二百貨店店史』上編『吉順糸房の興衰史』によれば、糸房はもともと刺繍糸の加工業者であった。清の時代、盛京城内（現瀋陽の一部）において刺繍糸の需要が多く、輸移入品によってもまかなうことができない状況だった。山東黄県出身の刺繍糸職人単文利、単文興兄弟がこれを知り、順治元年（1644年）に盛京の四平街で「天合利糸房」（刺繍糸加工工場）を創立した。これが奉天における糸房経営の始まりであった。その後、需要の多い綿布を奉天で販売することが各糸房の主な業務となり、綿糸布商的機能を果たすようになる。さらに成長するにつれて雑貨なども取り扱うようになり、大きな糸房は衣料を中心とする一種の百貨店となったのである。

4) 奉天商工公会『奉天経済事情』1938年、92頁。

5) 「奉天支那側年関市況」奉天商工会議所『奉天商業会議所月報』第158号、1926年2月。

6) 東北地域の商業資本は3経路を経て発生してきたといわれている。すなわち、(1) 中国本土で形成された商業資本の移住、(2) 地主・富農の若干分子の商業経営、(3) 官吏資本の投下の3経路である（前掲『満洲経済年報』1935年、271頁）。また、工業も含めた奉天の中小商工業者の約6割が本土出身者であった（満洲中央銀行調査課『満洲における満人中小商工業者業態調査』（上巻）1938年、143頁）。

7) 前掲『奉天経済事情』、92頁、奉天日本総領事館『管内事情』第1巻の3、大正13 (1924) 年6月。

8) 関東都督府民政部庶務課『満洲ニ於ケル棉布及棉糸』1915年、157頁。

9) 以上は、奉天興信所『第二回満洲華商名録』（『第八回奉天商工興信録』）1933年による。

10) 当時の満鉄調査などではこの聯号がとりわけ東北地域で発展した商工業者の組織形態であったとみており、「魔術的発展を遂げた」と評している（「満洲に於ける聯号の研究」『満鉄調査月報』第17巻2号、1937年2月、78頁。満鉄地方部商工課『満洲商工事業概要』1932年、86頁）。ところが、満洲中央銀行の調査によれば、東北地域の統計範囲となる1,500戸の商工業者のうち、わずか8%の商工業者が聯号を形成していただけであった。しかもその大部分（8%のうち5.7%）がわずか一店の聯号を有するに過ぎなかったのである（前掲『満洲における満人中小商工業者業態調査』、18-19頁）。有力商人であった糸房の状況からみても、聯号は満鉄調査の主張するほど展開していたのではなく、満洲中央銀行の調査のようにせいぜい1-2店舗展開していたに過ぎなかったように思えるが、聯号をもつ商人はもっと多かった。

11) 前掲『第二回満洲華商名録』。

12) 満鉄興業部商工課『南満洲主要都市と其背後地（奉天に於ける商工業の現勢）』1927年、

191 頁。

13) 奉天には大連と新京を結び、東北を縦断する満鉄本線のほか、山海関と結ぶ奉山線（天津、北京に通じる）、安東に通ずる安奉線、さらに吉林に続く奉吉線などが集まっていた。鉄道の発展は商品を迅速かつ大量に奉天まで輸送することに貢献しただけでなく、商品流通の結節点として奉天の役割をより一層大きくした（この点については、張暁紅「満洲国」商工業都市 ― 1930 年代の奉天の経済発展」慶応義塾経済学会『三田学会雑誌』101 巻 1 号、2008 年 4 月、12-13 頁、あるいは本書第 1 章を参照されたい）。

14) 満洲輸入組合聯合会『満洲に於ける金巾、粗布及大尺布』1936 年、59-60 頁は奉天の後背地として満鉄本線や四洮線、奉吉線、奉山線、京図線沿線を挙げ、その人口は 2,125 万人、綿布消費量を 6,750 万円と推定している。

15) 満洲輸入組合聯合会『満洲に於ける綾織綿布並加工綿布』1936 年、373、382 頁。

16) 前掲『満洲における満人中小商工業者業態調査』、80-81 頁。

17) 前掲『満洲における満人中小商工業者業態調査』、103 頁。

18) 商務省貿易局『阪神在留ノ華商ト其ノ貿易事情』1938 年、117 頁。

19) 満鉄産業部資料室編『満洲国に於ける商工団体の法制的地位』1936 年、53 頁および実業部臨時産業調査局『満洲ニ於ケル商会』1937 年、2 頁。

20) 会長が経済的、政治的有力者であったという点については次のような記述がある。「従来商会長ハ其ノ都邑ニ於テハ最モ裕福ニシテ且商人間ニ於テモ人望手腕ノアル会員ヲ必要条件トシ又政治勢力ノ所有者デアラネバナラナカッタ。即チ旧政権時代ニ於テハ商会長ハ軍閥ノ指令ニ依テ行動シ供応接待ヲナスノミナラズ、其ノ要求セル物品ヤ糧食等ニ対シテハ、一切会長ノ名ニ於テ、会員タル各商店ヨリ之ヲ調達シテ居タノデアル。之ハ一方商民ニトリテ各戸別ノ強要ヲ免レ反テ安全ニ保護サレ生業ニックコトガ出来、他方会長モ軍用品ノ調達ニ依テ私腹ヲ肥シ来ツタノデアル」（前掲『満洲ニ於ケル商会』、6 頁）。

21) 前掲『南満洲主要都市と其後背地』、283 頁。

22) 前掲『満洲国に於ける商工団体の法制的地位』、58-61 頁。

23) 前掲『満洲ニ於ケル商会』、9 頁。

24) 前掲『満洲ニ於ケル商会』、12 頁。

25) 「商工公会前史略要」（遼寧省档案館所蔵瀋陽市商会資料）9 頁。

26) 「奉天商業銀行章程」関東都督府『支那銀行支店設置許可ニ関スル協議ノ件』1916 年。

27) この鈔票が実際に発行されたのか、発行されたとすればどのような機能を担ったのかは今のところ明らかではない。

28) 以上は前掲「奉天商業銀行章程」による。

29) 前掲『管内事情』第 1 巻の 14、大正 13（1924）年 6 月。

30) 公断処が争議の案件を受理するのは争議者の同意がある場合か、法院（裁判所）から調停を委託された場合に限られており、その判断には法的強制力はないものの、商会の権威に

よって実質的に拘束力を有していたといわれている。また、法院は商事関係の案件については、証明や鑑定を依頼し、その意見を尊重していた（前掲『満洲国に於ける商工団体の法制的地位』、72頁）。

31）　前掲『満洲ニ於ケル商会』、12頁。

32）　前掲『満洲国に於ける商工団体の法制的地位』、75-76頁。

33）　前掲『満洲ニ於ケル商会』、11頁。

34）　奉天商工会議所『奉天経済三十年史』1940年、422頁。

35）　会長の方煜恩の履歴をみておくと、奉天省商工公会、奉天商工公会各副会長、奉天市瀋陽区区長、奉天商工銀行董事長、協和工業奉天中央卸売市場取締役、満洲セメント取締役、満洲特産専管公社理事、奉天紡紗廠董事、満洲生命保険監事のほか、奉天貯蓄会常務董事、奉天省議会議員、東三省議会聯合会代表、奉天省政府諮議兼村政委員会常務委員、東三省金融整理委員会委員、奉天全省商会聯合会長、奉天市商会長などを歴任した（日本図書センター『満洲人名辞典』中巻、1989年、705頁）。

36）　第2章を参照されたい。

37）　瀋陽市商会史料2180（遼寧省档案館所蔵）。

38）　瀋陽市商会史料2159（遼寧所档案館所蔵）。

39）　前掲『第二回満洲華商名録』。

40）　前掲『満洲経済年報』1935年、370頁。

41）　瀋陽市商会史料2354（遼寧所档案館所蔵）。

42）　奉天商業会議所『奉天商業会議所月報』第143号、1924年11月、2頁。同誌によれば、綿布一疋の生産費は15.5円で、そのうち11.25円（73％）が原料綿糸代、2.15円（14％）が職工労賃であった。また、産業部大臣官房資料科『綿布並に綿織物工業に関する調査書』1937年、33頁によれば、1932年の奉天における粗布生産原価は、11斤物（12封度）で8.568円であり、うち原糸代が7.714円、生産費が0.854円であった。

43）　安原美佐雄『支那の工業と原料』（第一巻上）上海日本人実業協会、1919年、671頁。

44）　西川喜一『綿工業と綿糸綿布』上海日本堂書房、1924年、509頁。

45）　前掲『満洲経済年報』1935年、370頁。

46）　遼寧省統計局『遼寧工業百年史料』遼寧省統計局印刷廠、2003年、420頁、417頁。

47）　前掲『満洲経済年報』1935年、369-370頁に詳しい。

48）　たとえば、1937年満洲国生綿糸と染綿糸の合計需要高21万3,741梱のうち、13-23番手の生綿糸は17万5,440梱、82％を占めている（横浜正金銀行調査課『満洲綿業の概観』1941年、12頁）。

49）　たとえば、1935年の満洲国綿織物総輸入額に対する割合でみると、大尺布は12.4％、細布と粗布合計34.4％、三品目だけでもおよそ半分を占めている。また満洲国内生産額に対する割合でみると、大尺布は44％、粗布は24％、細布18％、三品目合計86％にものぼっている（前掲『綿布並に綿織物工業に関する調査書』、9頁、151頁、152頁）。

第5章　1931-1936年の綿糸布商とその活動　*163*

50）　『満洲国外国貿易統計年報』によれば、1932年満洲国生地綿布、漂白あるいは染色綿布、捺染綿布、雑類綿布と生地綿糸の合計輸入額の国別輸入比率は日本64.2％、中国本土35.8％、1933年はそれぞれ73.5％と26.5％、1934年はそれぞれ84.1％と15.9％に変化する。

51）　満洲輸入組合聯合会『満洲に於ける粗布、金巾及大尺布』1936年、95頁。なお、奉天が満洲最大の綿糸布市場となったのは以下の理由があった。第一には、奉天における織布業の興隆であり（第2章を参照）、第二には、奉天への鉄道網の集中である（注13を参照）、第三には、決済機能を担う金融機関の集中と奉天票の暴落と銀下落による営口、安東などの過炉銀制度、鎮平銀制度の崩壊である。この結果、営口や安東の綿糸布商などの商人は安定した決済機関が存在する奉天や大連に移動した（前掲『満洲に於ける粗布、金巾及大尺布』、85頁、95頁）。

52）　前掲『綿布並に綿織物工業に関する調査書』、50頁、74頁、80頁。

53）　前掲『満洲に於ける綾織綿布並加工綿布』、386頁。

54）　奉天商工会議所『奉天産業経済の現勢』1937年、54頁。

55）　前掲『奉天産業経済の現勢』、54頁。

56）　前掲『奉天経済事情』、90頁。

57）　前掲『満洲に於ける綾織綿布並加工綿布』、390頁。

58）　これは新京などのような大都市への転送を指している（前掲『満洲に於ける綾織綿布並加工綿布』、382頁）。

59）　前掲『満洲に於ける綾織綿布並加工綿布』、391頁。

60）　奉天商工会議所『奉天商工月報』第362号、1935年11月、48頁。

61）　前掲『南満洲主要都市と其背後地』、191頁。

62）　前掲『阪神在留ノ華商ト其ノ貿易事情』、66頁。

63）　内田直作『日本華僑社会の研究』同文館、1949年、27頁。

64）　前掲『阪神在留ノ華商ト其ノ貿易事情』、69頁。

65）　前掲『阪神在留ノ華商ト其ノ貿易事情』、77頁。

66）　表5-9には大阪川口で仕入れを行っている奉天出身の32店舗名を挙げたが、前掲表5-3によると、1933年大阪から直接仕入れていた奉天の糸房は79店に達していた。その取引先は複数あり、多かったのは大阪の乾生桟（22店）、泰東洋行（18店）、公順桟（9店）である。

67）　前掲『日本華僑社会の研究』、31頁。また許淑真「川口華商について1889-1936 — 同郷同業ギルドを中心に」平野健一郎編『近代日本とアジア — 文化の交流と摩擦』東京大学出版会、1984年、111頁。

68）　前掲「川口華商について1889-1936 — 同郷同業ギルドを中心に」、113頁。

69）　前掲『満洲に於ける綾織綿布並加工綿布』、206頁。

70）　前掲『満洲に於ける綾織綿布並加工綿布』、208頁。

71）　なお、籠谷は、東洋棉花の加工綿布販売で神戸、大阪の外国人貿易商への販売に約3割

も依存していた点を指摘し、日本綿業がアジア通商網へ依存しつつ拡大したことを強調され
ている（前掲『アジア国際通商秩序と近代日本』、17頁）。
72）　この点については、第3章を参照されたい。

第 6 章

満洲国期の機械制綿紡織工場の変遷と綿糸布生産

　本章は満洲国期の機械制綿紡織工場を検証対象とする。ここでいう機械制綿紡織工場は、紡績と織布の両方を営み、大規模機械を用いた工場のことを指す。なお、実態としてこれらの工場では主業務は紡績であり、織布はあくまでも兼営するものであったため、綿布生産を分析対象とするこれまでの章では織布兼営紡績工場と称していた。

　第一次世界大戦後は中国綿業の黄金期であるといわれるほど綿業は大きな発展を遂げた。東北地域は本土よりやや遅れるが、1919 年に旅順機業株式会社が機械制綿紡織工場の嚆矢として設立され、さらに 1921 年に軍閥政権のもとで官商合弁の会社として奉天紡紗廠が創立された。旅順機業は創立まもなく休業し、復活できなかったのに対し、奉天紡紗廠は創業以来業績はきわめて良好であり、東北地域の代表的な近代紡織工場として知られた[1]。

　ほぼ同じ時期に日本綿業は過剰資本の蓄積と国内の慢性的不況を背景に対中国投資を活発化させ、上海や青島に次々に工場を設立し、東北地域にも積極的に進出した。1923 年 3 月に、満鉄と富士瓦斯紡績株式会社の合弁会社として満洲紡績株式会社（資本金 500 万円）が遼陽に設立され、また同年 4 月に日本福島紡績株式会社が満洲福島紡績株式会社（資本金 300 万円）を大連市外周水子に創設した。さらに 10 月に内外綿株式会社が金州にその分工場として内外綿株式会社金州支店を設立した[2]。

　満洲国期になると、機械制紡織工場は 9 社に増加し、しかもそのすべてが地理・経済状況が比較的有利である奉天省と関東州に集中するという立地的な特徴がみられた。表6-1 は機械制綿紡織工場奉天紡紗廠が設立された 1921 年（生

表 6-1　東北地域の機械性綿紡織工場の資本金と生産設備

会社名	奉天紡	満洲紡	福紡	内外綿	営口紡	恭泰紡	満糸（徳利）	東棉紡	南満紡	合計
生産開始年次	1923	1923	1923	1923	1933	1935	1937	1939	1942	
設立場所	奉天	遼陽	周水子	金州	営口	奉天	瓦房店	錦州	奉天	
1921	4,500	－	－	－	－	－	－	－	－	4,500
1922	4,500	－	－	－	－	－	－	－	－	4,500
1923	4,500	5,000	1,200	7,750	－	－	－	－	－	18,450
1924	4,500	5,000	1,200	10,500	－	－	－	－	－	21,200
1925	4,500	5,000	1,200	13,250	－	－	－	－	－	23,950
1926	4,500	5,000	1,200	13,259	－	－	－	－	－	23,959
1927	4,500	5,000	1,200	13,250	－	－	－	－	－	23,950
1928	4,500	5,000	1,500	13,250	－	－	－	－	－	24,250
1929	4,500	5,000	1,500	16,000	－	－	－	－	－	27,000
1930	4,500	5,000	1,500	16,000	－	－	－	－	－	27,000
1931	4,500	2,500	1,500	16,000	－	－	－	－	－	24,500
1932	4,500	2,500	1,500	20,250	－	－	－	－	－	28,750
資本金（千円） 1933	4,500	2,500	1,500	24,500	1,000	－	－	－	－	34,000
1934	4,500	2,500	1,500	24,500	2,000	－	－	－	－	35,000
1935	4,500	3,125	1,500	24,500	3,000	－	－	－	－	36,625
1936	4,500	3,125	1,500	24,500	3,000	50	－	－	－	36,675
1937	4,500	3,750	1,500	24,500	5,500	50	~2,580	－	－	39,800～42,300
1938	4,500	3,750	1,500	24,500	8,000	1,325	2,580	－	－	46,155
1939	4,500	5,000	3,000	24,500	8,000	3,775	2,580	5,000	－	56,355
1940	9,000	5,000	3,000	24,500	8,000	3,775～10,000	2,580	5,000～17,500	－	60,855～88,355
1941	9,000	5,000	3,000	24,500	8,000	3,775～10,000	2,580	5,000～17,500	－	60,855～88,355
1942	9,000	5,000	3,000	24,500	8,000	3,775～10,000	2,580	5,000～17,500	2,500～	63,355～90,855
1943	9,000	5,000	3,000	24,500	10,000	3,775～10,000	4,250	5,000～17,500	2,500～	67,025～94,525
1944	9,000	6,250	3,000	24,500	10,000	10,000	9,080	17,500	2,500～	89,330
1945	9,000	9,990	3,000	24,500	10,000	10,000	9,080	17,500	2,500～	93,070
精紡機（錘） 1923	20,480	－	－	－	－	－	－	－	－	20,480
1924	20,480	－	－	24,000	－	－	－	－	－	44,480
1925	20,480	31,360	18,816	29,600	－	－	－	－	－	100,256
1926	20,480	31,360	18,816	29,600	－	－	－	－	－	100,256
1927	20,480	31,360	18,816	29,600	－	－	－	－	－	100,256
1928	20,480	31,360	18,816	55,200	－	－	－	－	－	125,856
1929	20,480	31,360	18,816	63,200	－	－	－	－	－	133,856
1930	20,480	31,360	19,968	63,200	－	－	－	－	－	135,008
1931	30,816	31,360	19,968	63,200	－	－	－	－	－	145,344
1932	30,816	31,360	21,120	63,200	－	－	－	－	－	146,496
1933	30,816	31,360	29,520	63,200	10,000	－	－	－	－	164,896

第6章　満洲国期の機械制綿紡織工場の変遷と綿糸布生産　*167*

年										合計
1934	30,816	31,360	29,520	63,200	12,099	—	—	—	—	166,995
1935	30,816	31,360	29,520	92,384	23,760	—	—	—	—	207,840
1936	30,816	31,360	29,520	92,384	23,760	~10,080	—	—	—	207,840~217,920
1937	30,816	78,700	35,120	93,152	23,760	~10,080	15,960	—	—	271,908~281,988
1938	30,816	78,700	35,120	93,152	55,728	~10,080	30,920	48,320	—	324,436~334,516
1939	30,816	78,700	35,120	107,456	55,728	10,080	30,920	48,320~49,580	—	397,140
1940	50,816	78,700	35,120	108,352	55,728	10,080~55,860	30,920	48,320~49,580	—	418,036~465,076
1941	50,816	78,700	35,120	108,352	55,728	10,080~55,860	30,920	48,320~49,580	—	418,036~465,076
1942	29,144	78,700	35,120	108,352	55,728	10,080~55,860	30,920	48,320~49,580	~35,280	396,364~478,684
1943	29,144	78,700	49,520	108,352	55,728	10,080~55,860	38,186	48,320~49,580	~35,280	453,310~500,350
1944	29,144	78,700	49,520	108,352	55,728	55,860	62,600	49,580	35,280	524,764
1945	29,144	—	49,520	108,352	55,728	55,860	62,600	49,580	35,280	524,764
織布機（台）1923	200	—	—	—	—	—	—	—	—	200
1924	250	—	—	—	—	—	—	—	—	250
1925	250	504	—	—	—	—	—	—	—	754
1926	250	504	—	—	—	—	—	—	—	754
1927	250	504	—	—	—	—	—	—	—	754
1928	250	504	—	—	—	—	—	—	—	754
1929	250	504	—	—	—	—	—	—	—	754
1930	250	504	—	—	—	—	—	—	—	754
1931	250	504	—	—	—	—	—	—	—	754
1932	250	504	—	—	—	—	—	—	—	754
1933	250	504	—	—	250	—	—	—	—	1,004
1934	250	504	—	—	551	—	—	—	—	1,305
1935	250	504	—	1,008	684	—	—	—	—	2,446
1936	250	504	—	1,152	1,015	50	—	—	—	2,971
1937	250	1,045	—	1,152	1,004	98	—	—	—	3,549
1938	250	1,045	—	1,152	1,730	214	—	—	—	4,931
1939	250	1,045	—	1,352	1,730	311	—	~2,344	—	4,688~7,032
1940	1,500	1,045	—	2,272	1,730	311	—	~2,344	—	6,858~9,202
1941	1,500	1,045	—	2,272	1,730	311	—	~2,344	—	6,858~9,202
1942	500	1,045	—	2,272	1,730	311	—	~2,344	~1,000	5,858~9,202
1943	500	1,045	—	2,272	1,730	311	659	~2,344	1,000	7,517~9,861
1944	500	1,045	90	2,272	1,730	311	780	2,344	1,000	10,072
1945	500	1,045	90	2,272	1,730	311	780	2,344	1,000	10,072

出典：1939年までは満鉄調査部『満洲紡績業立地条件調査報告』1941年、72頁、76頁、1940年以降は遼寧省档案館『遼寧工業百年史料』遼寧省統計局印刷廠、2003年、428～432頁による。

注：① 資本金は払込資本金である。また天約の1933年までの資本金は奉大洋元であった。
② 撚糸機の数字を原資料から省いた。
③ 基築糸機の織布機台数には一部メリヤス編機が含まれている。
④ 1945年の数字は7月現在のものである。
⑤「○～○」は正確な数字を得ていないため、筆者による推測である。

産開始は1923年）から1945年8月の満洲国の崩壊までの期間における機械制大工場の資本金と設備の変動を表したものである。

　以下、第1節では、機械制綿紡織工場各社の動向をそれぞれ概観したうえ、表6-1に基づき、東北地域の機械制綿紡織工業の生産能力と生産量の全体的な趨勢を把握する。第2節では、代表的な中国人綿紡織工場であり、1938年に日系資本によって買収された奉天紡紗廠の経営状況を考察する。

第1節　機械制綿紡織工場の生産設備と動向

1. 各社の動向

　奉天紡紗廠（「奉天紡」、奉天、1921年設立、1923年生産開始）は、張作霖軍閥政府時代に官商合弁企業として設立された。1933年当時の資本金奉大洋450万元、精紡機3万816錘、織布機250台、職工数1,649人であった。1938年、満洲国政府が保有した同社の2万7,364株が鐘淵紡績株式会社に譲渡され、同社は鐘紡の傘下に入った。1940年、満洲国幣450万円が追加投資され、精紡機2万錘、織布機1,250台を新規購入し、職工数は2,000余人に増え、生産能力が大幅に増強された。1941年には分工場も建設されるほどであり、この年は奉天紡紗廠の最も生産設備の充実した年となった。しかし1942年に、工場に火災が発生したため機械設備は半減した。1942年以降、公称資本金は900万円を維持することができたが、1945年7月には、精紡機2万9,144錘、撚糸機888台、織布機500台、職工数745人の規模に縮小した[3]。

　満洲紡績株式会社（「満洲紡」、遼陽、1923年設立）は富士瓦斯紡績株式会社と満鉄の投資によって設立された。満洲国期には岡崎本店と第百生命の資金も加わるなど、前後合わせて6回にわたる増資があった。満州事変までは精紡機3万1,360錘、織布機504台であったが、1937年にそれぞれ7万8,700錘と1,045台に倍増したうえ、撚糸機も2,808錘を購入した。1938年に染色工場を、1939年に柞蚕糸工場を増設し、1942年に紡織関係機械を生産する鉄工場

も買収した。生産量は 1938 年をピークに、1939 年以降は原綿不足のため急減した。1945 年 7 月には、精紡機 7 万 8,700 錘、撚糸機 3,480 錘、織布機 1,045 台、染色機 40 台を有し、その生産能力は綿糸 5 万 4,000 梱、綿布 61 万疋、染色 24 万疋であるが、実際の生産量をみると、綿糸は生産能力の 14.3%、綿布は 11.1%、染色は 33.3% しかなかった。

　満洲福島紡績株式会社（「福紡」、大連、1923 年設立）は、日本福島紡績株式会社の投資によって設立されたものである。1939 年に資本金を 150 万円から 300 万円に倍増させ、その後も増資しつづけた。生産設備では、1932 年に精紡機 2 万 1,120 錘、1938 年に 3 万 5,210 錘に、1943 年に 4 万 9,520 錘に増加した。1945 年に精紡機 4 万 9,520 錘、撚糸機 1,020 錘、織布機 90 台を有し、生産能力は綿糸 3 万 2,400 梱、綿布 54 万疋であるが、1944 年の綿糸と綿布生産額はわずか 9,901 梱（生産能力の 30.6%）と 8,000 疋（生産能力の 1.5%）であった。

　内外綿株式会社金州支店（「内外綿」、金州、1923 年設立）は、内外綿株式会社によって創設された。1937 年以降は関東軍によって日本軍と満洲国軍用の綿製品軍需工場に指定された。同社は満洲国期において 4 回にわたって生産設備を拡大し、精紡機では、1929 年 6 万 3,200 錘、1935 年 9 万 2,384 錘、1937 年 9 万 3,152 錘、1940 年に 10 万 8,352 錘に増加した。1945 年 7 月現在、撚糸機 1 万 680 錘、織布機 2,272 台、精紡機も含めて、いずれも東北地域の最大規模であった。注目すべきは、同社の軍需工場としての特徴である。綿糸生産量では、1938 年以降減少傾向がみられたが、他社ほど深刻ではなかった。また、綿布生産量では、太平洋戦争中において急増し、1943 年は 1937 年の 25 倍にも達していた。

　営口紡績株式会社（「営口紡」、営口、1933 年設立）は、当初中国人によって創立された会社であったが、1934 年に朝鮮紡績会社の株式取得とその後の増資により日系資本に変容した。1938 年に奉天東興紡紗廠と康徳繊維株式会社を買収し、精紡機 5 万 5,728 錘、撚糸機 3,320 錘、織布機 1,730 台（広幅 1,520 台、小幅 210 台）に規模拡大した。1940 年以降は他社同様、生産高は下降に転じ、生産能力と生産高の間に大きな格差が生じた。

恭泰莫大小株式会社（「恭泰紡」、奉天、1935年設立、1936年12月生産開始、後、恭泰紡績株式会社に社名変更）は、日本レイヨン株式会社、富士瓦斯紡績株式会社の共同出資によって設立された会社である。同社は当初メリヤスの生産工場であったが、その後綿製品、ゴム紐も生産するようになった。1936年から1944年までの生産設備は不明だが、1945年7月現在では、精紡機5万5,860錘、撚糸機920錘、織布機250台、紐編機8台、メリヤス編機84台であった。

満洲製糸株式会社（「満糸」、瓦房店、1930年設立、1937年11月3日生産開始、1942年に徳和紡績株式会社に社名変更）は、日本人村井貞之助、武富吉雄、田附政次郎などの個人が出資して設立された。製品は綿糸、綿布、糸製品、毛布など幅広かった。同社は増資や合併を繰り返し、1944年には払込資本金908万円に拡大した。1945年7月現在の機械設備は、精紡機6万2,600錘、撚糸機3万5,020錘、織布機780台、軸糸機100台、染色機34台であった。

東棉紡績株式会社（「東棉紡」、錦州、1938年設立、1939年5月生産開始）は、日本東棉紡績株式会社の投資によって設立された会社である。同社は1939年払込資本金500万円、その後3回増資して、1944年に1,750万円に達した。しかも、同社は安東柞蚕加工株式会社、阜新満洲蓖麻株式会社、株式会社福寿鉄工廠などに出資するなど活発な活動もみせ、製品は綿糸、綿布、染色、柞蚕衣料、柞蚕毛糸など多岐にわたる。1945年7月の生産設備は、精紡機4万9,580錘、撚糸機4,620錘、織布機2,344台（広幅760台、小幅1,584台）、捺染機4台、染色機72台などを有していた。

南満紡績株式会社（「南満紡」、奉天、1939年12月設立、1942年生産開始）は、日本京城紡績株式会社によって設立された。当初の払込資本金は250万円であった。1943年に増資したものの、原棉不足の最も深刻な時期であったため、逼迫した生産状況であった。綿糸生産でみれば、1942年に綿糸734梱、1943年8,656梱、1944年7,485梱にとどまり、綿布も1943年と1944年はそれぞれ250疋と215疋の生産量しかなかった。ちなみに、1945年7月、同社の機械設備は、精紡機3万5,280錘、撚糸機4,400錘、織布機1,000台で生産能力は綿糸3万梱、綿布84万疋であった。

上記機械制綿紡織工場以外に、1938年から1943年にかけて、奉天省と関東

州内に以下の 14 の日系特殊製品生産工場もあったが、中国系工場は一つもなかった。設立された会社名、設立年月と 1945 年 7 月現在の月次生産量は以下の通りである。

徳和紡績朝日工場（奉天）、1938 年 3 月、綿布 1 万 189 疋。東洋タイヤ工業株式会社（奉天）、1938 年 6 月、綿糸 600 梱、綿布 650 疋。瀋陽橡胶工場（奉天）、1938 年 10 月、タイヤ用布 400 疋。鉄嶺染織株式会社（鉄嶺）、1939 年 1 月、ガーゼ 3 万 6,000 疋。徳和紡績鉄西工場（奉天）、1939 年 7 月、ひも 67 万メートル。満洲東洋紡績株式会社（安東）、1939 年 9 月、綿糸 1,000 梱、綿布 4 万疋。株式会社満洲線帯工場（奉天）、1939 年 12 月、ひも 3 万 5,000 メートル。満洲帆布株式会社（奉天）、1940 年 5 月、ズック 31 万メートル、ひも 4 万 6,000 メートル。大連合同繊維雑品製造株式会社（大連）、1940 年 12 月、ゲートル 7,200 組、ひも 30 万メートル。徳和紡績松樹工場（奉天）、1941 年 1 月、ひも 54 万メートル。満洲繊維工業株式会社（安東）、1941 年 7 月、製品不明。満洲東洋株式会社（奉天）、1942 年 10 月、ズック 10 万メートル。遠東帆布株式会社（亮甲店）、1943 年 10 月、ズック 7 万メートル。株式会社康徳織布工場（奉天）、設立年月不明、ゲートル 4,000 組、ひも 70 万メートルであった。

2. 生産工場の増加と生産設備の拡大

表 6-1 の生産設備合計によれば、満洲国が成立した 1932 年（4 社）には、精紡機 14 万 6,496 錘、織布機 745 台であり、戦時経済統制が始動する 1937 年（7 社）になると、精紡機は 27-28 万錘、織布機は 3,549 台へと増加し、これはさらに満洲国崩壊直前の 1945 年 7 月（9 社）には、精紡機 52 万 4,764 錘、織布機 1 万 72 台に膨張した[4]。設備からみた生産規模は満洲国期において一貫して増え続け、とりわけ 1937 年以降の増加は顕著であった。1937 年から 1945 年までの 8 年間に精紡機は 25 万錘超、織布機は 6,500 台以上も増えた。

年次別にやや詳細にみていくと、1932 年頃までは新規参入企業はなく、既設企業の資本金もまったく増加していない。満洲紡績は減資すら余儀なくされている。この時期いずれも経営的には苦境に立っており、政府や満鉄による保

護によりかろうじて経営を維持していたといわれている。資料によれば、「満紡工場に対しては満鉄よりあらゆる助成、補助金が与へられた。内外綿及福紡工場の製品は関東州特恵関税に依って内地向け逆輸出を可能ならしめられた。遼寧紡紗廠（奉天紡紗廠…引用者）は張政権に依って特殊な保護が加へられた」[5]という。

　しかし、1933年以降はこの状況が改善し、さらに1938年以降になると事態は大きく変容した。新規参入企業の増加、既設企業の増資、増設によって、資本金も生産設備も大幅に増えたのである。1933年に中国人資本によって資本金800万円で営口紡績株式会社が設立されたのをはじめ（その後、日系に変容）、1936年に日本レイヨンにより恭泰莫大小株式会社が、1939年に日本東棉によって東綿紡績株式会社が、1942年に日本京城紡績によって南満紡績株式会社などが設立された。軍用品専用工場である内外綿を除いて、これら新規参入企業は1932年から1945年までの間の増加資本金の64%、精紡機増加錘数の78%、織布機増加台数の87%を占めていた。一方、既設会社の設備投資も著しく、満洲紡績は1937年にその綿糸生産規模を1936年の3万1,360錘から一気に7万8,700錘にまで拡大し、綿布生産規模も2倍に増えた。福紡も1938年に5,600錘を増やし3万5,000錘に、1943年に4万9,520錘に生産規模を拡張している。内外綿は太平洋戦争への突入に伴い、増産が要求され綿糸、綿布生産規模はいずれも他社を凌駕する形で飛躍的に増大した。

3. 生産量の変動

　図6-1によれば、綿糸と綿布製品の生産高はタイムラグがあるもののほぼ同様な傾向をたどっていた。生産高の変動には時期的な特徴がみられ、①1932年から1939年までの増加と、②1940年から1945年までの減少（1942年を除く）がそれである。

　①の時期に関していえば、生産設備の増加にみられるように、新規参入企業も既設会社も生産規模を拡大し、生産額もそれに伴って増加をみせていた。

　資料によれば、綿糸の内訳生産高では、13番手から23番手までの下級太番

図 6-1　東北地域の機械制綿紡織工場の綿糸・綿布生産高

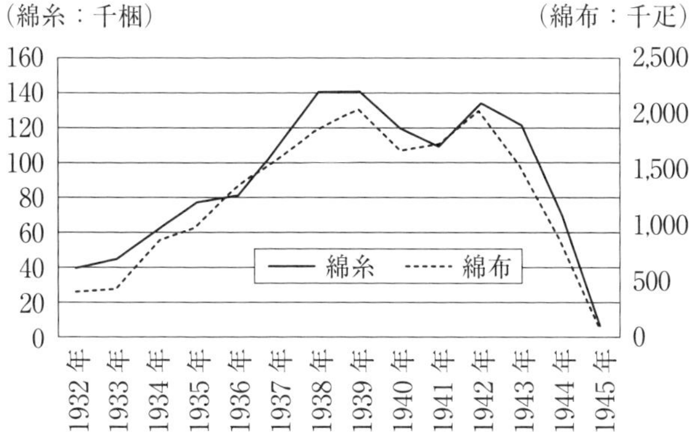

（綿糸：千梱）　　　　　　　　　　　　　　（綿布：千疋）

出典：遼寧省統計局『遼寧工業百年史』遼寧省統計局印刷廠、2003
　　　年、428-432 頁。
　注：内外綿株式会社を除く 8 社の合計数字である。内外綿の製品
　　　は軍用品にされていたため、データから外した。

手製品を主としており、とりわけ、大尺布と粗布生産に使用される 16 番手と
20 番手のものが多かった。綿糸生産は東北地域における需要をどの程度まか
なったについてみれば、1937 年の東北における綿糸需要量は 21 万 3,741 梱で
あり、うち域内生産高は 15 万 6,667 梱（内外綿を除くと 10 万 1,964 梱となる）、
単純に計算すると残りの 5 万 7,074 梱は輸入に仰いでいることになる。品種別
には、東北地域におけるその生産はもっぱら下級太番手を主としており、46
番手以上の生綿糸および染綿糸はすべて輸入にたよっているが、細番手の需要
そのものが少なく、輸入品も太番手に集中していた[6]。なお、内外綿株式会社
と満洲福紡株式会社の 2 工場は設備も技術も優れており、満洲国のみならず、
日本、インド、南洋方面に輸出していた[7]。2 工場の紡績は 20 番手、21 番手
および 40 番手を紡出するが、40 番手はほとんどインド、南洋方面に輸出し、
20 番手および 21 番手を満洲国に供給していた。また、日本に対して 2 工場を
あわせて年間綿糸 2 万梱（内外綿 8,000 梱、福紡 1 万 2,000 梱）の特恵関税の
特典を有していた[8]。2 工場の輸出綿糸を引いて計算すると、東北地域では約
60%以上の綿糸は自給できていたはずである。

174

綿布生産については、1938 年までは、奉天紡紗廠、満洲紡績、営口紡績の
3 社のみによって行われ、とりわけ、営口紡績の生産量は 1936 年 89 万 2,830
疋、1937 年 97 万 2,918 疋、1938 年 106 万 7,967 疋、1939 年 113 万 9,435 疋
と大きかった。恭泰紡と満糸は、創業時にはメリヤスと紡績の専門工場の予定
であったが、綿布生産も始めるようになり、年間合わせて 20-30 万疋の綿布
を生産するようになった。ほかに奉天紡紗廠も 1937 年と 1938 年に綿布生産
に力を入れ、両年いずれも 14 万疋を超える生産量を実現した [9]。

②の 1940 年以降についてみれば、1940 年以降は 1942 年には多少の跳ね返
りはあるものの、総じて急落の傾向をみせた。これは主に原料綿糸の供給不足
によるものであった。1937 年の貿易統制政策の実施により、原棉の輸入が規
制されたため、紡績各社は原棉不足に悩まされ、操短を余儀なくされた。綿糸
生産額は 1938 年をピークに下落しはじめ、綿布生産量はタイムラグのため、
1939 年をピークに落ち込むようになった。1942 年は回収機構の整備強化によ
り原棉の出廻り量が一時的に増加したため、上記グラフにあるような綿糸、綿
布生産高の増加をもたらした。ところがそれも一時的なものにとどまり、1942
年以降は再び急減した [10]。

原棉不足による綿糸減産が続く中で、それと対照的に 1938 年以降は生産設
備の急増が始まり、満洲国の綿業において生産設備過剰の事態に陥った。なぜ
このような相互矛盾的な現象が起きたのだろうか、これは綿業に関わる統制政
策と深く関連している。これについて第 7 章で詳細に検討する予定である。

第 2 節　奉天紡紗廠の経営状況

1. 綿糸と綿布生産高の変動

満洲国期において、全体として機械制綿紡織工場数や生産規模が増加した
ことは前項で確認できた。しかし、奉天紡紗廠に限っていえば、1930 年代に
入って軍閥政権の保護を失った後、1938 年に日系資本鐘紡によって買収され

鐘紡奉天紡として再生の道を歩んだ。資本金も生産設備も 1940 年までまったく増加しなかった。

このように、満州事変以降、満洲ブームとそれに基づく東北地域の綿織物業の発展を前提に日本企業が相次いで進出した。また既設の日系企業が設備を拡張する一方、中国人工場が日系資本に買収されて姿を消した。東北地域の紡績業は日系資本によって再編成され、日系資本の完全な支配の下で拡大を遂げて行くことになったのである[11]。

さて、具体的に奉天紡紗廠の綿糸と綿布生産高をみていこう。1932 年満州事変による影響で生産は一時的な落ち込みがあったが、図 6-2 にみるように、1933-1934 年は時局が次第に回復に向かいつつあったため、綿織物生産も人口の増加に伴い安定した増加をみせた。

しかし、1935 年になると、綿布生産高は、1934 年 11 月より施行された第二次関税改正の影響、1935 年にピークに達する農村恐慌、および自然災害による農村購買力激減の影響を受けて減産を余儀なくされた。一方、綿糸生産は綿布の状況とやや違う。まず、第 3 章でもみたように、第二次関税改正は綿糸

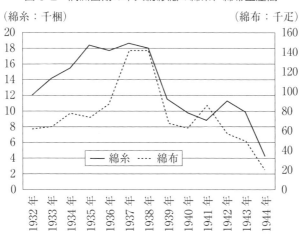

図 6-2 満洲国期の奉天紡紗廠の綿糸、綿布生産高

出典：遼寧省統計局『遼寧工業百年史料』遼寧省統計局印刷廠、2003 年、428 頁。

176

生産にそれほど深刻な打撃を与えることはなかった。しかも奉天紡紗廠は綿糸の販売において先物契約取引を行っていたため、綿布生産業界の不況による悪影響をタイムラグ効果によってその時期を遅らせることができた。そのため、図にみられるように、同廠の綿糸生産高は不況の1935年に増加し、かえって景気が戻った1936年には、前年に中小綿織物業者や綿糸布商との先物契約が減少したため、減産の局面に陥っていった[12]。

1937年になると、戦時経済への突入に伴い、満洲国の綿業は積極的な発展政策とはいえないものの、これまでと質的にはまったく異なる自給自足政策がとられるようになった。その結果、第7章でみるように、綿業生産は久しぶりの活況に遭遇することになる。前掲表6-1の1937年以降紡織各社の生産設備の増加はまさにこれを背景としたものである。ところが、奉天紡紗廠は老朽設備の更新と積極的な生産設備の増強は1940年まで行わなかった。次項でみるように、1937年以降、好収益が数年も続いたものの、社内留保ではなく、株主配当を重視する収益処分の方針を貫いたからである。

このように奉天紡紗廠は1932年から1938年までは全体の傾向として生産高は増加し、1939年からは急落に転じた。その後綿糸は1942年に、綿布は1941年に多少の回復をみせたが、1942年から再び下落した。1939年の下落はほかの工場と同様、原棉不足による操短のためであるが、2回目の1942年の下落は工場火災のため生産能力が半減したことが原因であった[13]。

図6-2の1932-1945年までの奉天紡紗廠の綿糸、綿布の生産高の変化を東北地域全体(図6-1)のそれと照らし合わせると、ほぼ同様な趨勢が確認できた。これは、満洲国期の綿業生産は、紡織各社の個別な事情による影響もあるが、なにより満洲国全体の経済状況に大きく左右されていたと解釈できよう。

2. 収益状況と利益処分

表6-2の貸借対照表と表6-3利益金処分表で奉天紡紗廠の収益とその分配を検討すると、以下の3点を指摘することができる。

第一に、1932-1940年まで収益は安定していない点である。各期利益金によ

表6-2　1932-1940年奉天紡紗廠の貸借対照表

(単位：千円)

[資産の部]

項目	1932年	1933年	1934年	1935年	1936年	1937年	1938年	1939年	1940年
未払込資本金	329	329	329	329	329	329	329	329	3,375
機器	3,711	3,671	3,622	3,624	3,251	3,065	2,818	2,535	2,439
機器改造費				139					
不動産	975	978	979	979	979	929	883	894	894
什器	19	20	17	24	20	18	16		
工場用品	68	66	66	66	65	65	59	71	70
拡張勘定								982	3,628
貯蔵品	347	319	268	261	248	278	280	361	
原棉	382	294	364	363	456	821	1,092	595	1,511
綿糸	321	110	62	504	138	827	584		
綿布	259	105	101	15	100	82	316	1,107	379
綿製品	1	0	0						
落綿及屑物	5	17	22	10	6	6	7	7	1,335
工場仕掛物									276
需要品									475
石炭									49
炊事場勘定									13
銀行預金	32	97	718	4	0		547	35	
郵便振替貯金									0
出張所勘定		1	8	4	25	4			
販売店医局勘定								0	2
綿布代未収金	715	210	135	176	115	158	191	329	234
仮払金	1,475	39	583	16	18	17	65	84	107
先物売買未収金	705								
棉花代先払金						59	110	384	
未着原棉	215	178	587	285	446				
期日未経過保険料									0
綿業連合会出資金								100	100
有価証券		127	223	223	223	223	223	223	223
現金	7	14	2	5	0	4	1	4	2
合計	9,564	6,575	8,084	7,027	6,479	6,936	7,796	7,655	15,113

[負債の部]

項目	1932年	1933年	1934年	1935年	1936年	1937年	1938年	1939年	1940年
資本金	4,500	4,500	4,500	4,500	4,500	4,500	4,500	4,500	9,000
積立金	96	107	180	255	305	318			
法定積立金							378	478	528
別途積立金							100	300	400
固定資産償却金	162	172	430	680					
教育基金	41								
慰労金	1	37	46	64	41	43	100	93	103
奨励金	0	2	0		0				
未払配当金	2	52	4			19	24	36	23
職員身元保証金									46
建築保証金	2	2	2	1					41
銀行借越	2,370	52	782	73	463	321		5	2,906
借入金	800	800	800	800	800	800	800	800	200
社員貯金		37	71	75	71	57	59	71	
事務所勘定	3								
仮預金	1,453	31	485	69	106	149	606	289	369
未払原棉代		26				54		175	500
綿布未収金割引準備金	28	28	28	28	6				
未払金									21
補修費						35	50	50	37
支払手形							75		
鐘紡勘定									21
前期繰越金	0	1	0	0	66	57	74	281	288
本期利益金	106	728	757	482	121	584	1,030	576	629
合計	9,564	6,575	8,084	7,027	6,479	6,936	7,796	7,655	15,113

出典：大連商工会議所『満洲銀行会社年鑑』各年より作成。
注：空白の項目は当該年次の該当項目における計上はなかったことを意味する。

れば、1938年には100万円以上、1933年、1934年には70万円を超える利益
金を計上している一方、1932年、1936年にはわずか10万円強であった。使
用総資本（＝資産合計−未払込資本金）と純益金の数字に基づき総資産収益
率を算出して総合的な収益性をみていくと、1932年1.1％、1933年11.7％、
1934年9.8％、1935年7.2％、1936年2.0％、1937年8.8％、1938年13.8％、
1939年7.9％、1940年5.4％となっており、全体として収益は安定していない
ことがみてとれる。総資産収益率は1933年と1938年にそれぞれピーク値に

第6章　満洲国期の機械制綿紡織工場の変遷と綿糸布生産　*179*

達し、この2年間において同廠の総資本に対する収益水準は高かった。

　第二に、原棉や綿糸布のかなりのストックを抱えていることがわかる。大量の綿糸布は在庫の多さ（在庫管理の不十分さ）を示すものであり、資金繰りを苦しくし経営を圧迫する大きな要因であった。原棉の大量のストックは安定的な操業の確保のためであったが、これも資金繰りを困難にした。1933年頃同廠では営業方針を改め、できる限りこうしたストックを少なくする方針を立てたが[14] 実際にはあまり実効があがらなかったようである。というよりも、1938年以降になると、経済統制による原料難が予測される中で、早めに原料を確保する必要からストックはむしろ増加せざるを得なかった。

　第三に、株主への還元という側面からは、株主重視の経営を図っていた傾向がみられた。前述したように、同廠の収益状況は年によって大きく変動した。表6-3の配当金、配当率（配当金÷払込資本金）からわかるように、配当も収益状況と緊密に連動していた。しかし一方、株主配当金の利益金に占める割合でみれば、1932年65％、1933年49％、1934年52％、1935年33％、1936年

表6-3　1932-1940年奉天紡紗廠の利益金処分

（単位：千円）

項目／年度	1932	1933	1934	1935	1936	1937	1938	1939	1940
本期利益金	106	728	757	482	121	584	1,030	576	629
前期繰越金	0	1	0	0	66	57	74	281	288
合計	106	729	757	482	187	640	1,105	856	917
此処分									
積立金	11	73	76	50					
法定積立金					13	60	100	50	50
特別積立金						100	200	100	100
固定資産償却金並改良費	11	273	250	100					
奨励金	10	15	15	10	15		30		
慰労金	5	10	20	30	5	60		40	40
重役賞与金								50	50
役員賞与金				25	7	40	80		
社員賞与金				44		59			
配当金	69	358	396	158	90	248	414	329	399
配当率 （配当金／払込資本金）	1.7%	8.6%	9.5%	3.8%	2.2%	5.9%	9.9%	7.9%	7.1%
後期繰越金	1	0	0	66	57	74	281	288	278

出典：大連商工会議所『満洲銀行会社年鑑』各年より作成。
　注：空白の項目は原資料の当該年次の該当項目における計上はなかったことを意味する。

74%、1937 年 42%、1938 年 40%、1939 年 57%、1940 年 63%となっており、40-60%の配当が確保されていたことがわかる。

経営状況からわかるように、奉天紡紗廠にとって外的要因が会社経営に大きな影響を及ぼしていた。まさにこのような時期に、社内留保の確保による長期かつ安定的な経営ではなく、一定の割合の配当を重んじていたということは、株主権益を重視する何よりの証拠である。しかも、経営業績が悪く利益金の少ない 1932 年と 1936 年は特別にそれぞれ 65%と 74%との高配当を行った。配当金の絶対額が少ないという状況の中で配当率を高めることによって株主の気持ちをなだめるような意図もよみとれよう。なぜ、奉天紡紗廠は株主を重視する経営をしていたのであろうか。その要因は、次項の株主構成にある。

3. 奉天紡紗廠の株主

奉天紡紗廠は官商合弁によって設立されたが、実際にどのような人々によって設立されたのであろうか。『遼寧工業百年史料』によれば、同廠開業 1923 年の設立資本金奉大洋 450 万元（4 万 5,000 株）のうち、軍閥政権財政庁の「官株」250 万元（2 万 5,000 株、総株数の 56%）、「商株」200 万元であった。商株の内訳をみると、1925 年の記録によれば、中央銀行である東三省官銀号は最大の株主で 33.89 万元（3,389 株）、中国銀行 13.28 万元（1,328 株）、交通銀行 11.28 万元（1,128 株）、奉天総商会 10.97 万元（1,097 株）、東辺実業銀行 5.45 万元（545 株）、奉天儲蓄会 5.28 万元（528 株）となっている。この他、奉天省と周囲省内 33 県の地方政庁が持株合計 131.02 万元（1 万 3,102 株）であり、そのうち、出資 10 万元（1,000 株）を超える県は遼陽県、開原県、安東県の 3 県、5 万元を超え 10 万元（500 株）未満の県は瀋陽県、昌図県、営口県、海城県の 4 県、残りは 1 万元や 2 万元台の県が多かった[15]。東三省官銀号は軍閥政権の中央銀行であったこと、また奉天省内各県の地方政庁出資は強制的に購入させたものであったことなどを考慮すると、同廠は官商合弁というより、実質は官営資本の性質をもっていたといえよう。さらに、商会組織である奉天総商会も大株主に加わっていたことも注目したい。第 5 章でみたように、奉天

第6章　満洲国期の機械制綿紡織工場の変遷と綿糸布生産　*181*

総商会は金融機関と糸房の影響力が強かったから、綿業関係者の興望を担って株式の所有を行ったといえよう。

以下では1936年と1940年の「股東姓名表」（株主名簿）を用いて、満洲国成立後の株主の動向をみよう。

表6-4によれば、1936年に株式の50％近くを満洲国財政部が所有し、以下上位株主には満洲中央銀行など金融機関と各地方公款処（地方政庁の組織）が名を連ねている。1920年代と比べて、財政部は軍閥政権から満洲国の統治下

表6-4　奉天紡紗廠の株主名簿

降順配列	1936年			1940年				
	株主	株数	持分割合	株主	株数			持分割合
					旧	新	計	
1	財政部大臣	22,381	49.7	鐘淵紡績株式会社社長　津田信吾	27,364	27,364	54,728	60.8
2	満洲中央銀行	3,383	7.5	中国銀行	1,028	1,028	2,056	2.3
3	交通銀行	1,128	2.5	稲田幾次郎	663	1,327	1,990	2.2
4	中国銀行	1,028	2.3	交通銀行	754	754	1,508	1.7
5	遼陽県地方公款処	694	1.5	金井千良	550	550	1,100	1.2
6	開原県地方公款処	634	1.4	伊藤武	0	780	780	0.9
7	王広恩	614	1.4	松島昇造	400	300	700	0.8
8	東辺実業銀行	557	1.2	陳世春	347	347	694	0.8
9	奉天商工銀行	528	1.2	開原県地方公款処	694	0	694	0.8
10	松尾国治	515	1.1	松尾国治	30	630	660	0.7
11	工藤雄助	500	1.1	吉田新一	300	300	600	0.7
12	東豊県地方公款処	392	0.9	田中節	285	285	570	0.6
13	瀋陽県地方公款処	367	0.8	笠原秀彦	0	500	500	0.6
14	海城県地方公款処	358	0.8	橋口正一	0	500	500	0.6
15	懐徳県地方公款処	238	0.5	城西恒吾	220	270	490	0.5
16	海龍県地方公款処	233	0.5	山田忠義	90	381	471	0.5
17	復県地方公款処	215	0.5	復県公署	215	215	430	0.5
18	興城県地方公款処	144	0.3	史享五	211	211	422	0.5
19	西豊県地方公款処	142	0.3	大山庄一	257	148	405	0.5
20	大山庄一	139	0.3	濱春枝	200	200	400	0.4

出典：奉天紡紗廠『股東姓名表』1936年、1940年。
注：（1）原資料より20位まで抽出。
　　（2）1936年総株数4万5,000株、1940年総株数9万株。

に変わり、東三省官銀号は満洲中央銀行にとって代わるなどの変化があった。

　1940年には、同廠は倍額増資を図り、資本金額は倍増した。筆頭株主は1936年の満洲国財政部から鐘淵紡績株式会社（以下鐘紡）に変更し、鐘紡が総株式の60％以上を所有した。

　表6-4にある1936年や1940年の株主構造を1920年代のそれと比べると、個人株主が散見されるようになったこと、1940年にトップ20位以内に日本人個人株主が多数増加したことが確認できることが特徴的である。名簿にある人物でみると、松尾国治[16]や工藤雄助[17]、大山庄一などの日本人が大株主となり、松尾と工藤は紡紗廠の経営に加わるために株主となったようである。また中国人株主に関していえば、1936年はトップ20位以内の中国人株主は一人しかいなかったが、表6-4に列挙できなかった20位以下の名簿からみると、中国人株主が多数いたことがわかる。中国人株主がどのような人であったかについてはほとんど確認できないが、持株614株、持株数の降順配列で第7位に位置する王広恩は奉天紡紗廠董事長、工務長協理総務を務めていた人物である。上位個人株主には同廠の経営陣によって一部占められていることがわかる。

　ここで補足しておきたい点が2つある。1つは、日系綿業資本鐘紡が奉天紡紗廠の筆頭株主となったのは1938年以後であったこと、つまり奉天紡紗廠は1938年に鐘紡に買収されることによって、鐘紡の支配下に入った。2つは、奉天紡紗廠は事実上いつから日本人によって経営されるようになったかという点である。1932年に満洲国が成立すると満洲国政府が軍閥政権の出資を継承し、同政府財政部が筆頭株主となった際に、日本人経営者（松尾国治）が迎え入れられ、さらには営業課、庶務課、工場課等の課長にも日本人が据えられた[18]。これが実質上の日本人による経営の起点だと考えられる。

小　　括

　以上検討してきたように、満洲国期において、機械制綿紡織工場は全体として生産能力と生産量は戦時期への突入によって大きく変容することになる。次章では戦時統制政策の検討も含めて戦時期の綿業の動向を考察するが、本章で確認できたことをまとめると以下のようになる。

　第一に、満洲国期に入り、東北地域の機械制綿紡織工場の綿業生産設備は一貫して増え続けた。とりわけ1938年以降は急速な増加をみせた。満州事変以降、満洲ブームに乗って日系綿業資本が相次いで東北地域に進出したこと、また既設企業が設備を拡張したことは生産能力増加の下支えとなった。

　第二に、綿業生産については1932-1939年の増加と1940年以降の減少（1942年を除く）に象徴される。綿糸生産は生地綿布生産に対応した下級太番手のものが中心となり、1937年までには60％以上の自給率を実現した。しかし戦時期に入ると、統制による原棉取得難に陥ったため、1930年代末には綿糸生産は停滞する一途となる。

　一方、綿布生産では、綿糸生産と同様な傾向をみてとれる。機械制綿紡織工場と中小綿織物工場との関係についていえば、綿糸の需給関係において両者はパートナー的な取引関係であったが、いずれも綿布を生産するという側面において、1920年代において第2章でみたように、両者の製品は必ずしも競合する関係ではなかった。しかし1930年代以降になると、機械制工場は綿布生産を増やしたため、これが中小織物業者の圧迫要因となったことは否定できない。

　第三に、1930年代は日系綿業資本による東北地域の紡績業の支配が確立した時期であった。日系企業の生産能力が拡張する一方、中国人資本の代表である奉天紡紗廠は軍閥政権の没落とともに満洲国政府に接収され、1938年には鐘紡に買収された。このように東北地域の紡績業が日系資本によって再編成され、完全な日系資本の支配下になった。

　1932-1940年までの奉天紡紗廠の綿糸綿布生産高も利益も不安定なもので

あった。その変動は第二次関税改正、農村の疲弊ならびに自給自足政策の実施などが主な原因である。1930年代において、奉天紡紗廠は老朽設備の更新や生産能力の拡大を積極的に行っておらず、収益の高い年次においても社内留保ではなく株主配当を重視するような経営を図っていた。これは同社の上位株主には顔見知り株主の存在が多かったことに影響されたのであろう。

注
1) 東北綿業と中国近代綿業の関係については序章の先行研究の整理を参照されたい。
2) 産業部大臣官房資料科『綿布並に綿織物工業に関する調査書』1937年、12-13頁および満鉄調査課『満洲の繊維工業』1931年、36頁。
3) 遼寧省統計局『遼寧工業百年史料』遼寧省統計局印刷廠、2003年、428頁。下記各社の記録も同資料428-432頁からの引用である。
4) 前掲『遼寧工業百年史料』、427頁。
5) 満鉄調査部『満洲紡績業立地条件調査報告』1941年、8頁。
6) 横浜正金銀行調査課『満洲綿業の概観』1941年、12頁。
7) 福紡は製品の大半を日本に輸出しており、東北への供給は生産の4分の1程度であった（満洲輸入組合聯合会『満洲に於ける金巾、粗布及大尺布』1936年、190頁）。
8) 実業部臨時産業調査局『綿花、綿糸、綿布に関する調査報告書』1936年、32頁。
9) 前掲『遼寧工業百年史料』、428-432頁。
10) 満洲興業銀行『最近ニ於ケル我国綿糸布ノ需給ニ付テ』1942年、8-9頁。なお、原棉不足の情況については第7章を参照されたい。
11) 前掲『満洲紡績業立地条件調査報告』、10-12頁。
12) 奉天商工会議所『奉天商工月報』第352号-375号、1935年から1936年各月「動く奉天の経済事情　工業事情　奉天紡紗廠」。
13) 前掲『遼寧工業百年史料』、418-419頁。
14) 「奉天紡紗廠の営業方針」、『東洋貿易時報』第9巻6号、1933年2月、10頁。
15) 前掲『遼寧工業百年史料』、418-419頁。
16) 奉天紡紗廠常務。1911年三井物産入社、天津支店綿花係、孟買支店詰、アコラ・カランジャ・ブローチ・ドレラ各出張員、漢口支店勤務、東洋棉花漢口出張員、三井物産本社詰、満鉄商工課勤務、在遼陽満洲紡績商務主任兼倉庫係主任歴任、1932年7月奉天紡紗廠常務に就任、満洲綿業聯合会常任監事（日本図書センター『満洲人名辞典』下巻、1989年、1388頁）。
17) 奉天紡紗廠常任監察人（前掲『満洲人名辞典』上巻、493頁）。
18) 「奉天紡紗廠の近状」大阪市役所産業部調査課『東洋貿易時報』9巻8号、1933年3月、173頁。

第 7 章

1937-1945 年の綿業と中国人商工業者

　本章の課題は、戦時期（1937-1945 年）の満洲国において施行された綿業統制の展開過程および綿業に関わる中国人商工業者への影響を明らかにすることである。

　前述したように、日満経済の一体化、適地適応主義によって経済開発を行うという方針のもとで、満洲国の綿業は「抑制するべき産業」として位置づけられ、日本の綿製品への依存は一層強くなった。しかし、戦時期に入ると、満洲国は資源の現地開発（現地調弁主義）が要求されるようになり、綿業では、日本からの綿製品輸入が制限されるや東北で自給自足を図る綿業の全面統制政策がとられるようになった。本章では、まず、この自給自足政策に秘められた矛盾を綿業の事例を通じて明らかにし、その後、原棉綿製品統制法と繊維及繊維製品統制法以降の二つの時期にわけて、綿業統制の進展とともにみられる綿製品の生産と流通の変容と中国人商工業者の対応を検討する。

第 1 節　自給自足政策の実施とその制約

1. 紡績会社の過剰な生産能力

　1937 年の満洲国の綿業統制においては「紡績工業五ヵ年計画」による生産統制と国際収支の均衡を図るための貿易統制が考案された。「紡績工業五ヵ年計画」は、「日満綿業統制上満洲国に於ける綿業は下級綿糸布の自給自足程度

に迄発達せしめて差支なきも日本との摩擦を少なからしむる為積極的発展策を講ぜざるものとす」[1] という方針を基にしていた。ここには、東北地域の綿業を抑制しようとしたこれまでの方針と異なり、積極的な増産政策はとらないものの東北において消費市場の大半を占める下級綿糸布の自給自足を図ろうという意図が明瞭に示されているといえよう。

同計画における紡績についての目標は、綿糸23番手以下の自給自足に要する精紡機数を30万錘と概算し、その範囲内の増錘を認めるとした。1937年1月現有精紡機数は23万錘であり、なお約7万錘増錘の余地があった。また、増設は「現存紡績工場をして行はしむることが適当」とされ、既存の大工場での増設を優先するとされた[2]。しかしこの東北地域全体30万錘という計画制定当初の保有目標が、1938年にすでに超え、1941年に51万余錘、1945年8月には55万錘以上となった。増設した精紡機は、計画通り既存の大規模工場での増設を優先するとされたが、日本国内紡績資本の進出による増設もみられた[3]。

日本国内で厳しい制限を受けていた紡績会社は次々に満洲国に進出許可申請を提出し、計画公布からわずか半年の7月時点で申請中のもので合計紡錘数50-60万錘にも達した[4]。東洋棉花株式会社の子会社である東棉紡織株式会社（1938年設立、資本金1,000万円、内250万円払込）と福寿織布株式会社（1938年設立、資本金150万円）はまさにこの時期に進出を果たしたものである。東棉紡織は棉花生産の盛んな錦州に立地することによって、紡績と織布の兼営だけでなく原料棉花をも栽培する予定であった。福寿織布は、満洲国を唯一の需要先とする大阪府下岸田（ママ）の大尺布工場をその前身とし、日本国内紡織大資本による圧迫および満洲国輸入税の引上げにより苦境に陥っていた。その打開策として東洋棉花にすがり、ともに移植することによって東棉紡織で生産された綿糸で生産する計画での進出であった[5]。

一方、1937年12月に貿易統制法が施行される。貿易統制による輸入制限の影響を受け、輸入綿布は1937年に42万6,972千方碼あったものが1938年は24万2,375千方碼に半減し、輸入綿糸は1937年の3万4,420梱から1938年の8,052梱に、約4分の1に激減した[6]。こうした競合品の減少による恩恵を

図7-1 東北地域の紡績会社における原棉（繰棉）消費量と精紡機の変動

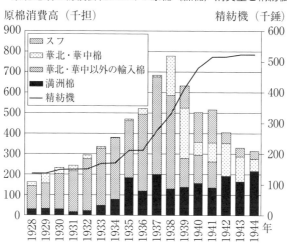

出典：1936年までは満鉄調査部『満洲紡績業立地条件調査報告』1941年、79頁。1937-1941年は満洲興業銀行『最近ニ於ケル我国綿糸布ノ需給ニ付テ』1942年、10頁、20頁。1942-1944年は東北物資調節委員会『東北経済小叢書：繊維工業』1948年、103頁による。
注：関東州を含む。

受けて、東北地域の紡績会社は1937年と1938年生産が好調であった。だが、図7-1のように、1939年以降紡績会社における原棉の消費量は急減し、輸入制限の影響はついに原棉にも波及した。

満洲国政府は物価騰貴を回避するため設備（紡錘数）を基準とする原棉配給の割当制を実施した。その結果、配給を獲得するために各紡績資本は紡錘数の維持と増大に奔走し、生産能力と生産量の間に巨大なギャップが生じ、各紡績会社は過剰な生産設備を抱えながらの操短を余儀なくされる、といった事態に陥った。資料によれば、紡績工場の操短率は1939年4月前後は5割強[7]、1940年6月に8割強[8]にも達した。1939年の紡績工場推定綿糸生産能力は31万梱であったのに対し、実際の生産量はわずか61％の19万梱、生産量はその後も減少の一途をたどり、1940年は14万梱、1941年は7万梱まで下落した[9]。一連の事態の根本の原因は原棉不足であった。

2. 原棉不足の問題

　まず、1930年代東北地域の紡績業の発展とともに、原棉への需要と供給をみてみよう。1920年代前半は満洲棉が主として使用されていた。1920年代後半以降原棉消費の増大を支えたのはインド棉と米棉であった。30年代になると、インド棉への依存がさらに高まり、米棉も1932年まで増加するが、同年をピークに37年まで停滞している。綿業統制で外国棉花輸入を制限したからである。満洲国政府は輸入棉花に代わって、国内棉花の増産を図りつつ、共栄圏内唯一の大棉作地である華北・華中からの棉花輸入に依存して、これまでの輸入棉を代位させようとしたが、以下のように効果は乏しかった。

　まず、満洲棉について。満洲国における棉花を対象とする統制は1933年の20ヵ年増産計画にさかのぼり、その主たる目的は日本紡績業の原料に対して補完的役割を果たすことであった[10]。1937年から施行された自給自足政策は、これまでの日本紡績業に対する原料的寄与から満洲自体の需要を可及的に充足することにその目的を置き換え、実施とともに満洲棉の大々的な増産計画が始まった。新計画は、生産される棉花は当初、満洲国内紡績工場用原棉の40％を供給することを目的としていた。計画の1、2年目までは不足するものの、3年目からは過剰に転じ、5年目には過剰棉花は2,547万斤となり、日本綿業にも供給することができると企図していた[11]。しかし、実際は計画通りの実績を達成したのは1937年のみで、その後、1938年の達成率は作付面積70％、繰棉生産量57％、1939年はそれぞれ81％と79％と低水準にとどまった[12]。1942年からは消費量はやや増加したものの、1942年は紡績用棉花の需要量に対して2割しか自給できず[13]、1944年には、「繊維及繊維製品需給三ヵ年計画」が実施され、3年間で棉花生産量を倍増する目標が設定されたが、初年度から実現することはなかった[14]。

　華北棉の確保については、華北棉の対満洲、朝鮮への分配量が1937年110万担、1938年34.4万担、1939年と1940年はそれぞれ1.2万担へ減少したように、期待はずれであった。華北臨時政府による「北支棉花増産九ヵ年計画」（1938-1946年）の失敗[15]が一番の要因であるが、戦火の拡大、輸送路の未整

備という悪条件の上に、華北棉の割当ては第一次的に対日本軍需・民需、次いで華北現地軍需・民需が優先され、対満洲・朝鮮は第3順位[16]とされたことも指摘できよう。ちなみに、図7-1で確認できる1938年と1939年の華北・華中棉の消費量は1937年と1938年に輸入されたものである。1942年以降増えた同消費量は華北棉ではなく、もっぱら大豆油とのバーターによる華中棉の輸入であった[17]。

　ほかに、満洲国政府は1939年からスフを輸入して3割混紡も強制したが、農民および労働者からなる満洲市場には適合せず、その代用性には限界があった[18]。このように、図7-1で示しているとおり、1944年には、東北地域の綿糸生産能力（精紡機紡錘数）は満洲国建国当初の3倍以上にも拡大したが、生産原料として確保できる原棉は1933年頃の水準に逆戻りすることになる。生産能力と実績の間に大きな乖離を生じたまま満洲国の崩壊を迎えることになったのである。

　満洲国末期の原棉供給における深刻な状況について、内外綿株式会社金州工場は1944年12月の事業報告に次のような記録があった。

　「期初に於ては満洲棉の出廻り不振と北支棉の入荷期待外れ等悪条件続出。七月初旬に入りその状態益々逼迫。四／六月度に比し七／九月度の生産は更に二割見当操短を拡張、操業率は十五％以下と稀有の低率を示すに立至る。七月中旬に至るも棉の入荷なく、ついに操業中止の危機に直面、折柄○○（ママ）方面より多量の急速整備の発注を受け、その機会に生産の殆んど全部を之に切替え、危期を乗越えた。その後繊維公社の必死の努力により輸送状態も稍見直す一方で、朝鮮棉二万ピクルの獲得あり、尚且つ北支棉一五万ピクルの内、紡績向四万五千ピクルも漸次到着。古棉は各番手に二五％程度を混入し極力原棉の繰延べを策し辛うじて新棉出廻り迄を過す。幸い満洲棉新棉は終始天候に恵まれたのと政府の増産政策宜敷を得て稀有の増収を確保。出廻りは例年より一カ月早められ九月中旬より初荷の到着をみて、十月以降原棉は順調に入荷。依て十／十二月能率低下を来す北支古棉の混用を中止、増産に邁進す」[19]。

　原棉不足のため操短に追い込まれ、ありとあらゆる原棉の繰延策を講じてひたすら新棉配給を待つという、満洲国崩壊直前の紡績会社の生産現場の実情を

綴った内容であった。最後に「増産に邁進す」と、前向きな姿勢も示したが、同年12月の操業率はわずか4割という皮肉な現実であった[20]。

第2節　原棉綿製品統制（1939.3）の仕組みと影響

1. 原棉綿製品統制法と満洲綿業聯合会

　窮屈な原棉供給事情に由来する綿糸布製品の深刻な不足は、綿糸布価格を騰貴させ、1938年前後には投機的思惑が絡んで社会問題までに発展した。これを受けて、満洲国政府は1939年3月25日から原棉綿製品統制法の施行を公布し、本法によって満洲綿業統制の基本的なシステムが構築され、原棉および綿製品の国内生産、配給、価格などすべてが許可制へと転じることになった。

　たとえば、原棉の収買、配給については第2条から第4条において次のように規定された。原棉の輸出入業者はすべて政府の許可制とし、一般の輸出入を禁止した。国内産原棉の収買者は棉花統制法により満洲棉花株式会社に指定されているが、満洲棉花および許可を受けた原棉輸入業者からの原棉の買受は社団法人満洲綿業聯合会（綿聯）に限られ、輸入業者および満洲棉花は綿聯以外には販売できないものとされた。綿聯は一括的に買受けた原棉を原則として政府の許可を受けた綿糸紡績業者へ販売しなければいけない。綿製品の収買、配給については、綿聯が綿製品の輸出入および収買すべてを一元的に取り扱い（第5条）、買受けた綿製品は綿糸紡績業者、指定製造業者または指定元売捌業者以外のものには販売できない（第6条）とした。また、価格統制され、原棉や綿製品は産業部大臣の定めた公定価格で販売しなければならないとされた（第8条）[21]。

　つまり、本法によれば、紡績用原棉は国内品と輸入品とを問わずすべて綿聯が購入して公定価格により紡績業者に配給する。綿製品についても、国内製品、輸入品いずれも綿聯がすべて集荷し、統制法の規定する紡織業者、綿織物または綿メリヤス製造業者、元売捌業者に対し公定価格により配給、さらに元

売捌業者はこれを卸小売業者に公定価格の範囲内で販売し、卸小売業者はこれを消費者に公定価格の範囲内で販売する。すなわち、紡績用原棉から綿製品が消費者に届くまでの一切が同法の管理下に置かれ、綿聯の指示および責任においてすべての統制が行われるということである。ただ、統制法にはほとんどの条にも但書がついており、産業部大臣の許可を受ければ、必ずしも法規通りに行う必要はないとされた。軍需、官需、特需のために設けた特別項目であった[22]。

　原棉綿製品統制法において統制の要となる綿聯という組織は、法律の公布に先立って、1939年2月に原棉および綿製品の一元的配給統制機関として指定された。綿聯自身は真新しい組織ではなく、もともとは1937年に満洲国政府によって設立された自治的な統制機関であったが、統制の深化に伴い、「統制の完璧を期し難く」として従来の組織を解散して国策機関として改組拡大したとされている[23]。

　綿聯は会員制で、生産機構と配給機構から構成されている。生産機構は第一部会員とし、配給機構は第二部会員とされた。会員の資格については、東北地域において綿業を営むものから選出することとなり、関東州も満洲国と相提携して統制を行うため、大連所在の有力資本も会員となった。第一部会員は重要産業統制法により許可された紡績業者、原棉綿製品統制法第5条によって産業部大臣の指定を受けたものであり、第二部会員は東北地域において2年以上営業を営み、年間取扱高100万円以上、資本または資産50万円以上のもので、さらに綿聯の承認を得ることが条件となっていた。実際の会員をみると、生産機構の第一部会員は織布兼営紡績大工場の11社[24]、第二部会員は伊藤忠商事株式会社奉天支店などを含む洋行筋からなる元売捌業者および棉花取扱業者の棉花会社のあわせて17社[25]から構成され、いずれも日系大資本であった。

　中小織物製造業者は、政府による綿聯会員の指定を受けていなかったが、組合を組織し組合を通じて綿聯より原糸の配給を受けた。原棉、綿製品の取扱う数量については綿聯が収買量、販売予定数、綿製品の輸出入量を定め、政府の許可を受ける必要があった（第7条）。満洲国政府は新京、奉天、営口、鉄嶺など全満12ヵ所に各業種に応じた織物製造業組合の結成を推し進めた。各組

合の主体は中国人中小織物業者であり、奉天市綿織物製造同業公会もこのような背景の下で組織された。同公会の会員数は231に達し、会員のうち電力機を有する工場が83、残りの148は人力機工場であった（綿布生産は71、それ以外の綿織物業者が77）[26]。

　では、綿聯会員の指定を受けている日系大資本と受けていない中国人織物業者の統制は実際にどう違っていたのか。法案では明文化されていないが、産業部が大企業会員を対象に行った同統制法施行規則説明会に関する記録によれば、会員指定を受けていない中国人織物業者に関しては、公定価格に基づく直接的な製品売買契約が結ばれ、その際の公定価格は綿糸小売価格の最高価格から25％まで加工賃として、その範囲内での小売業者への販売が許されていた[27]。つまり、指定業者ならば、生産業者 → 綿聯 → 元売捌業者 → 卸売か小売業者 → 消費者という統制プロセスが必要であったのに対し、中国人織物業者は綿聯を通さずに、つながりの強い中国人商人からなる小売業者に製品を直接販売して、既存の販売ルートをそのまま維持することができたことを意味する。これは1941年6月に次の法律が公布されるまでの指定外中国人織物業者だからこそ享受できるある種「特権」的なものといえよう[28]。

2. 卸商の排除と中国人商人

　満洲国の綿製品配給は、政府の配給機構の組織ならびに中間搾取機関の排除により、価格低減を図ろうとする考え方のもと、綿糸布小売商組合の結成や卸商の排除などを通して展開された。綿糸布配給機構の重要な部分として各地域で綿糸布小売商組合を組織し、直接元売捌商と連携させ、商品の配給を受けさせるというのが統制の方針であった。つまり、卸商については、「政府は可能な限りこれを認めない」立場であり、現存する卸売商の中で、実績のある比較的規模の大きいものは元売捌業者に引き上げ、小規模なものは小売商へ転換させようとした[29]。

　奉天省内での配給割当に関しては、省、省商工公会、綿聯奉天支所、元売捌商代表およびその他関係機関をもって奉天省配給割当委員会を組織し、当該委

第7章　1937-1945年の綿業と中国人商工業者　*193*

員会が、綿聯から省に割当てられた数量に基づき、省内各地域の綿糸布小売商組合に対する配給割当を決定した。その後、各組合内部で組合員の配給範囲および配給能力を判断基準としながら組合員に対する割当を行う、というのが綿糸布配給品が綿聯から小売商まで配給されるプロセスであった[30]。

　卸商に関しては、原棉綿製品統制法において制度上では卸商の存続が認められたが、運用にあたっては卸商が利益確保できない公定価格政策をとることによって卸売業の小売商への転換を推し進めるのが政府の狙いであった。すなわち、綿聯 ― 元売捌業者 ― 卸商ならびに小売商という配給機構のなかで、綿聯から元売捌業者への最高価格と小売最高価格を各地方別に決定したが、政府は当初卸売価格を公定せず、元売捌業者からの売渡し価格を卸売小売と同額としたのである[31]。

　結果からいうと、こうした卸商排除の政策が徹底されることはなく、配給の現場では元売捌業者は小売商だけではなく卸商にも販売した。1940年現在、「奉天・新京・哈爾濱・安東・営口等には相当に卸売商が存在」[32]していたという。最終的に政府は統制の一部を緩和し、卸商を活用して国策に協力させる方針に転換した。すなわち、1944年の繊維公社の設立に当たっては、配給の迅速化、確実化のためにむしろ地方配給業者を活用することとなったのである。

　卸商排除策が失敗した最も重要な原因は、すでに強い地盤を構築し都市や農村社会の末端において依然として大きな影響力をもつ中国人商人を排除しようとした点にある。第5章で明らかにしたように、戦間期における奉天の中国人綿糸布商「糸房」は「聯号」を結成し、都市内およびその背後地、さらに地方都市まで広大な営業範囲をもっていた[33]。しかし、戦時期になると彼らの営業活動は規制され、瀬戸際に立たされた商人の中から廃業する業者が続出したが、1940年の数字にみられるように、政府に対抗しつつ卸商のまま、あるいは、小規模・零細化することによって統制外資本に変容して営業し続けたものも数多くいた。正確な数字は把握できないが、かなりの部分の商人は闇取引を始めた。多大な利益が伴う闇経済が日常化している中で、生存の危機に直面したそ国人商人が、これまで築いてきた生産業者との固い結束、および強固な流

通ネットワークを利用しない理由はないであろう。

　上記のように、中国人商人の経営地盤は強固で、簡単に排除されることはなかったといえる。一方、それでも政府は統制法によって彼らを強制的に排除する方針を推進したため、市場（あるいは配給）の混乱を引き起こした側面も強いと指摘しなければならない。農村に関していえば、陳祥（2013）のように、1940 年半ば以降、満洲国農村社会末端にあたる街村レベルの統制が始まったとはいえ、広大な農村社会においては生活必需品の配給システムは農民の要望に十分に応えることができず、この時に活躍したのが配給機構に属さない農村中国人商人の代表糧棧であった。糧棧は統計数字において総数は急減したが、実際はかなりの部分でひそかに資本金を闇に流出し、蒐市を通じて物資を集め、町の郊外地において町と農村との間の各種闇取引を行ったという [34]。

　前述したように都市においては、配給機構の中で各種統制団体を中枢機関として既存小売業者を末端配給機関とする形が一応は整っていた。しかし、露天商や行商のような小売商は統制機構組織外にいるため、彼らが営業を維持するためには闇取引に頼らざるを得なかった。このような事態のために、配給の実施はより困難になったと思われる。奉天市内には 9 ヵ所の常設の大市場があったが、これらはすべて「公認の闇市場」であり、「原材料、製品、生活必需物資一般の商売がこの 9 大市場では殆ど公認された形で、統制とは凡そ無関公然として取引されている」[35]。9 市場の組合事務所に登録された闇市場の店舗数は、奉天北市場（4 商場）に 789、鉄西市場に 320、西市場 247、城内市場（2 商場）37、西塔市場 44、その他という構成で、合計 1,547 店舗も存在し、1 日 3 万人の人々が訪れ、35 万円の売上代金があったと報告されている [36]。『満洲国の経済警察』にあるように、1943 年から 1944 年になるとこれらの露天商や行商を対象とする物資取締は一般保安警察の仕事の重点となっていった [37] が、闇市場の規模は到底警察の手に負える程度ではなかった。

第3節　繊維及繊維製品統制法（1941.6）以降の変容

1.　繊維及繊維製品統制法と満洲繊維聯合会の統制強化

　日中戦争の長期化と欧州大戦の勃発などの国際情勢の急転によって、満洲の綿製品の対日輸入量が減少し、綿糸、綿製品に代替するステープルファイバー製品（以下　スフ）、人絹の日本からの輸入が激増した。スフ、人絹製品は原棉綿製品統制法の対象でなかったため、投機業者による投機的取引が横行し、10割の利潤を含む法外の高値で販売されるまでに至ったという[38]。こうした背景のもと、満洲国政府は原棉綿製品統制法を廃止して新たに繊維及繊維製品統制法を制定し、1941年6月23日に公布して、統制の品目範囲を全繊維およびその製品に拡大した。法律の公布に先立って綿聯は会名を「満洲繊維聯合会」と改称して満洲人絹スフ聯合会を統合し、これまでの原棉および綿製品のほか、絹、人絹、スフおよび雑繊維を統合して衣料部門全体にその権限を拡大した。

　繊維および繊維製品の統制種類が多くそれぞれの生産・配給実態が異なるため、新法案では種目別と地域別に、旧来の習慣や必要性を重んじた統制を行った。たとえば、綿製品の配給に関しては、綿聯時代の元売捌業者と卸小売業者の二段階制度をとったのに対し、絹・人絹・スフ製品の配給に関しては、旧来の慣習に基づく元売捌業者、卸商、小売商の三段階制度をとった。繊聯会員編成も配給段階制度の変化に対応する形で、綿製品第2部会員、絹・人絹・スフ製品は第3部会員とし区別した。しかし、配給統制に対する基本的な考え方は、旧来の原棉及綿製品統制法を踏襲した。

　一方、生産においては変化があった。第1部会員に旧来の綿糸紡績業日系大資本と区別しつつ、中国人中小生産業者を主役とする衣料品製造組合17組織[39]を会員として組織に組み込み、直接統制下に置き、統制を拡大強化した。

　こうした組織化とともに、整理統合策も進められた。1941年1月に原糸、撚糸、織物、メリヤス、繊維雑品、織物雑品、製綿、染色の8大部門に分け、

それぞれ買収もしくは合併により会社にするか組合組織とするか、などの統合方針が協議決定された[40]。紡績部門よりほぼ土着織布工業をもって構成される織布部門のほうが経営の合理化と効率化によるコスト引き下げの緊急性と必要性が高いとされ、統合は織布部門を中心に展開された。織物部門に関していえば、生産設備 300 台以上を統合達成目標とし、奉天の 250 工場、哈爾濱の 120 工場、安東の 70 工場、新京の 120 工場などを対象に、工場数の 10 分の 1 程度を目標に整理統合が企図された[41]。整理統合過程については不明な点が多いが、1945 年 8 月の調査によると、奉天織物製造業組合に属していたのは 45 工場、一工場当たりの織機数は 76 台であった[42]。工場数は急減したが、織機数は目標台数にまったく及ばず、合理化と効率化を図る意味での整理統合策の効果は目標と程遠いものであった。しかし、整理統合策は中国人織物業者の組合からの脱落、いわゆる脱落業者の簇生に拍車をかけたとみて間違いないであろう。これらの脱落業者の民生や転業問題を解決する制度側の受け皿は用意されていなかった。次項で触れる統制末期の統制外工場は代表事例である。これらの業者はいずれ闇商品の生産源となっていく。

前述したように、輸入額の激減ならびに満洲国内紡績会社の生産規模の拡大に比例しない生産実績の不振が 1940 年代に続いたため、配給可能原糸についてみれば、1942 年は生産 17 万 9,810 梱、輸入 1,113 梱、1943 年生産 16 万 156 梱、輸入 3,107 梱、1944 年生産 9 万 4,711 梱、輸入 1,500 梱と、年々減少する傾向をたどった[43]。配給の割当については、省、市、県、商工公会、綿聯組合から選出された委員による配給統制委員会で決定された[44]。割当をめぐってはしばしば業者間の対立を引き起こしたが、この割当は原棉と同様、設備規模を基準とする割当制をとっていたため、設備拡充が顕著な傾向をみせる織布兼営の大規模紡績会社（機械制綿紡織会社）に有利に割り当てられていたとされる[45]。しかも、これらの大規模工場は綿糸製品の一部を自家用として綿布生産可能[46]だったため、正規配給ルートによる綿糸確保難の問題は中小織物工場ほど深刻ではなかった。

2. 「繊維及繊維製品需給三ヵ年計画」と満洲繊維公社の設立

　太平洋戦争勃発以降、東北地域の生活物資がますます逼迫するなか、満洲国政府は 1944 年 5 月、繊維資源の緊急増産対策、いわゆる「繊維及繊維製品需給三ヵ年計画」（1944-1946 年）を策定した。計画では棉花増産に最も重点が置かれ、1946 年までの 3 年間に生産の倍増、綿糸と綿織物については、それぞれ 25％と 85％の増産を図った [47]。衣料の分にあてるために、「線麻、乾包麻、羊毛類、棉莖皮、筧麻皮を飛躍的に増産し、野草など雑繊維を開発する」、また目標達成のために従来の関係機関による増産奨励を改め、糧穀と同様行政官署に増産、出荷の責任をもたせる。一方農民に対しては「繊維が糧穀同様重要なる点を認識せしめ、価格の調整（つまり棉花収買価格の引き上げ…引用者）を行うとともに、生必物資の特配糧穀出荷の減免を行つて増産意識の昂揚をはか」ろうとした [48]。ここから明らかなように、政府は絶望的な状況のなかで、3 年間で倍増という非現実的な増産目標を立てる一方、ありとあらゆる繊維を増産の対象に拡大し、地方行政官に出荷の責任を負わせる（それはとりもなおさず彼らによる出荷の強制を意味する…引用者）という、なりふりかまわぬ増産体制を打ち出したのである。

　こうした増産対策と並行して、政府は繊維聯合会の業務を新たに組織される統制団体満洲繊維公社 [49] に移行し、さらに満洲製綿配給聯合会、満洲毛麻糸布統制組合など 4 つの統制組織も同公社に統合した。その結果、麻袋原料である黄麻を除き、これまで異なる組織によって統制されていた棉花、絹繊維、人絹繊維、カポック、麻繊維、獣毛、および紙糸の 7 種目の繊維およびその製品、あるいはその混合繊維で製造した製品などあらゆる動植物繊維が公社を中心とした組織のもとで統制されることになったのである。

　公社は繊維および繊維製品の保有、検査、価格の設定を一元的に行うものとされた。繊維原料の集荷については、各分野における旧来の業者なり機関なりをそのまま活用して、満洲棉花会社、満洲原麻統制組合、満洲羊毛株式会社、満洲柞蚕会社等の統制機関から買い上げた。生産と配給統制に関しては、繊維聯合会時代の統制機構と配給手続きの煩雑さに起因する非効率を反省して、統

制をより簡素化、合理化するために以下のような変革を試みた。

　生産統制についてみると、従来、生産者と綿業聯合会あるいは繊維聯合会の間で原綿、糸、布等段階ごとに煩雑な収買、販売を行っていたが、公社は指定繊維生産加工業者を綿製品とその他繊維製品生産加工業者に2分類し、業者数の多い綿製品生産加工業者に対して委託製造加工の形式をとることによって簡素化を図った。

　配給機構については、簡素化、迅速化を目的として次のように体制を整備した。すなわち、東北地域（大連を含めて）を21の配給区に分け、各区に担当卸商1つを指定して、当該地区の繊維製品の配給に全面的に責任を担わせる。それと同時に、繊維製品を8分類し、各分類において卸商を指定して配給に当てるとした。どのような卸商が各区の担当となったのかは明らかではない。しかし、日本人有力商人によって構成された元売捌業者を廃止して、配給機構を卸売業者と小売業者に整理したこと、地方については「地方配給業者の知的経験を活用する」とし、旧来農村部の綿布流通で中心的な役割を果たした中国人商人への依存度が高まったことは確実である。

3.　統制末期の中国人商工業者の経営状況

　物資の絶対的不足や公定価格制度の強行、物価上昇という状況下で、中国人商工業者はどのような経営状況にあったのであろうか。この時期のデータは極めて少なく、断片的な情報によってではあるが、生産に関わる中国人綿織物業者を中心に彼らの動向を探っておきたい。

　まずは満洲国崩壊直前の中小綿織物工場の生産設備と実績のマクロ的な把握から始めよう。

（1）　織布兼営大工場と織物製造組合の生産設備と生産実績の比較

　表7-1は、1945年7月現在の満洲における綿布の生産設備と月次生産実績である。表には「織布兼営大工場」と「織物製造組合」の数字をそれぞれ集計している。1945年7月現在、東北地域には織布兼営の大工場は以下の9社で

第 7 章　1937-1945 年の綿業と中国人商工業者　*199*

表 7-1　東北地域の綿布生産設備と月次実績（1945.7 現在）

織布兼営大工場		奉天紡	満紡	福紡	内外綿	営口紡	恭泰紡	徳和（満糸）	東棉紡	南満紡	合計
織機（台）	広幅	500	1,045	90	2,272	1,520	250	780	760	1,000	8,217
	小幅	–	–	–	–	210	–	–	1,584	–	1,794
月次実績（疋）		4,000	3,500	4,200	118,000	12,000	1,230	18,610	27,900	70,000	259,440

織物製造組合		奉天	営口	安東	吉林	新京	赤峰	哈爾濱	関東州	合計
工場数		45	42	45	8	11	2	34	23	210
織機（台）	広幅	1,806	465	2,621	103	503	–	1,099	203	6,800
	小幅	1,613	3,678	141	22	267	32	152	553	6,458
月次実績（疋）		98,304	226,156	210,662	3,750	28,342	1,400	41,255	29,300	639,169

出典：東北物資調節委員会『東北経済小叢書：繊維工業』第 7 表「東北地区繊維工業工廠
　　　要覧」1948 年。
注：上記 9 社織布兼営大工場の詳細について、第 6 章第 1 節を参照されたい。

あり、所有する織機は合わせて広幅 8,217 台、小幅 1,794 台、計 1 万 11 台、月
次綿布生産実績 25 万 9,440 疋であった[50]。一方、織物製造組合は計 8 ヵ所あ
り、広幅織機 6,800 台、小幅織機 6,458 台、合わせて 1 万 3,258 台をもっており、
綿布生産実績は、月次 63 万 9,169 疋である。つまり、以下の 2 点が指摘でき
る。

　第一に、大工場と組合を比較してみれば、生産設備からみた 8 組合 210 工
場の中小綿織物業者の合計綿布生産能力は大工場のそれより 1.3 倍高く、内訳
では大尺布生産に使われる小幅織機は大工場より 3.6 倍高く、細布や粗布生産
に使用される広幅織機は大工場の 83％を占める。月次生産実績では、大工場
は 29％、組合は 71％という割合であった。

　第二に、各地域の織物組合の生産状況を比較すると、営口と安東の生産高が
高く、奉天は織機が多いにもかかわらず、生産実績は両地域と比較して低かっ
た。織機一台あたりの生産高の違いでみると、組合平均の一台あたり 48 疋に
対し、安東 76 疋、営口 55 疋と効率がよく、一方、奉天はわずか 29 疋と平均
よりも大きく下回っていた。1936 年前後から始まった綿織物生産における奉
天の中小業者の地盤沈下は満洲国崩壊直前まで改善されることはなかったよう
である。次項では、中小織物業者の生産実態について検討してみよう。

（2）中小織物業の動向

　表7-2は1944年末奉天の織物工場の生産経営状況をみたものである。出典資料によれば、組合所属工場（1）から（3）までの3工場は繊維公社の統制下に置かれている、いわゆる「統制工場」であるのに対し、更生布工場は繊維公社の指定を受けていない統制外工場[51]であったという。ちなみに、更生布とは故繊維（更生繊維あるいは屑繊維）や布団用綿を再利用して生産された綿布である。統制物資であったが[52]、同時期の消費財生産工場において、労働者経由で、製品のみならず、原料、諸消耗品から包装材料まで闇市場に流れていたという[53]。表中の更生布工場は統制外工場のため生産に使用する原料の配給はなく、闇市場に流入してきた故繊維等の原料を自ら闇市場から調達し、闇生産[54]を行うことになる。

　注目したいのは、同工場は生産実績が少なく、手織機による零細規模生産であったが、統制工場より操業率、収益率とも高い点である。統制工場3社の操業率は25-30％、収益率は最大でも10％であるのに対し、統制外工場である更生布工場では操業は少々活況という漠然とした記録であるが、収益率は22.4％[55]に及んでいた。この事例からやや規模の大きい統制資本より小規模零細経営の統制外資本が比較的経営状況が良かったとみてとることができる。

表7-2　1944年末奉天の織物工場の生産経営実態

業態／工場別		組合所属工場(1)	組合所属工場(2)	組合所属工場(3)	更生布工場
経営規模	設備	織機170台	織機50台	織機40台	手織機15台
	職工数	28人	10人	12人	10人
生産能力（日産）		500疋	200疋	136疋	20疋
生産実績（月平均）		2,800疋	600疋	720疋	225疋
原料入手	経路	繊維公社	繊維公社	繊維公社	打綿
	実績	210梱	40梱	52梱	更生糸6,070斤
販売経路		公社買収	公社買収	公社買収	小売商
収益率		10%	6.5%	7%	22.4%
操業率		30%	35%	30%	少々活況

出典：満洲中央銀行調査部『都市購買力実態調査報告』1944年12月、172頁、174頁。
　注：更生（厚生）布とは屑繊維や布団用綿を再利用して生産された綿布である。

第7章　1937-1945年の綿業と中国人商工業者　*201*

　同様の結果が綿布流通部門に関わる卸売・小売業からも考察できる。表7-3
は奉天市内の比較的大規模な中国人商業資本9社（百貨・雑貨・綿布小売5と
卸売4）の経営状況である。表によれば、1940年から1942年にかけて、9社
の利益がいずれも低下したことがわかるが、利益の低下は統制の受け方の強弱
により差異があった。各企業の総資本利益率を比較すると、多少のバラつきが
あるものの、小売企業のAからEまで、卸売企業の1から4まで、資本金の

表7-3　奉天百貨雑貨綿布小売業・卸売業経営状況

○　小売5社　　　　　　　　　　　　　　　　　　　　　　　　　　（単位：円）

1942年資本金		A	B	C	D	E	計	比率
		90,000	60,000	50,000	48,000	40,000	288,000	－
自己資本と他人資本合計	1940年	177,446	96,571	214,226	125,321	122,621	736,185	100.0
	1941年	255,217	185,477	277,888	147,246	143,938	1,009,766	137.2
	1942年	301,618	220,902	219,119	159,801	253,821	1,155,261	156.9
純益金	1940年	70,343	－ 10,815	48,951	40,000	43,767	192,246	100.0
	1941年	47,717	0	46,792	42,000	39,138	175,647	91.4
	1942年	7,528	20,784	17,258	7,812	23,353	76,735	39.9
総資本利益率(%)	1940年	39.6	－ 11.2	22.9	31.9	35.7	26.1	100.0
	1941年	18.7	0.0	16.8	28.5	27.2	17.4	66.6
	1942年	2.5	9.4	7.9	4.9	9.2	6.6	25.4

○　卸売4社

1942年資本金		1	2	3	4	計	比率
		44,800	40,000	30,000	10,000	124,800	－
自己資本と他人資本合計	1940年	300,375	1,229,582	97,942	158,953	1,786,852	100.0
	1941年	323,659	1,223,596	181,490	187,953	1,916,698	107.3
	1942年	366,555	735,197	189,564	219,518	1,510,834	84.6
純益金	1940年	100,538	226,650	27,498	64,219	418,905	100.0
	1941年	5,736	151,418	23,176	73,628	253,958	60.6
	1942年	－ 46,826	－ 20,023	－ 12,115	22,558	－ 56,406	－ 13.5
総資本利益率(%)	1940年	33.5	18.4	28.1	40.4	23.4	100.0
	1941年	1.8	12.4	12.8	39.2	13.2	56.5
	1942年	－ 12.8	－ 2.7	－ 6.4	10.3	－ 3.7	－ 15.9

出典：東亜経済調査局『土着資本調査報告書』（附属表）1944年3月、2-9頁。
　注：(1)「比率」は1940年を100とした場合の変化を表したものである。
　　　(2)「総資本利益率」の合計＝「純益金」の合計÷「自己資本と他人資本合計」の
　　　　合計×100%

少ない小規模の企業ほど利益率が高く、小売業より卸売業の方が利益率が低い
傾向が確認できる。

　同様の現象は満洲国全体にもみられた。満洲国13都市の商業、工業、兼業
を含む1,073企業の規模別利益率では、資本金5万円以上の大規模企業の利益
率は3.7％、2万円から5万円未満の中規模企業は5.7％であるのに対し、資本
金3,000円から2万円未満の企業の利益率は8.4％に達した[56]。つまりマクロ
的にみても、統制経済の影響を顕著、かつ直接的に受けやすい大企業や卸売企
業ほど経営状況が深刻であった。

　このような傾向が、中国人小規模零細工場や小売業を統制業種から統制外業
種に（実際においてかなりの部分は闇取引に参入した）[57]、規模の比較的大き
い資本から比較的小さい資本にシフトさせていく促進要因になった[58]。また、
小規模零細経営形態をとることは大半の場合において統制外への転換を意味す
る。具体的事例のひとつとして、1944年に廃業した商店（業種不明）の財東
（出資者）は、出資金4万円のうち清算所得として2万円を得て、それを元手
に他の財東らと共同出資して新たに二つの小工場を設立した。一つは資本金2
万円の編織工場（1万円出資）、一つは2万円の更生布工場（1万円出資）であ
る[59]。

　以上から推測できるように、組合に編入されることによって統制を受けた工
場は、低操業率を強いられ、収益も大きく落ち込んだ。前述したように奉天で
は、1939年から1945年までの間に織物製造業組合に属していた工場の数が大
きく減少したことを想起すると、低操業率で生産を維持できなくなった工場は
休業または廃業に追い込まれ、その一部の資本は小規模零細化することによっ
て統制外工場となり、統制が比較的困難な故繊維市場の混乱を利用して経営状
況の転換を図ったのであろう。

小　　括

　最後に、綿業統制下における中国人商工業者の変容および彼らの対応について明らかになったことをまとめて結びとする。

　まず生産部門についてみる。戦時期以前の中国人綿織物工場は、その規模は小さいものの工場数も職工数も多く生産総額も大きかったため、綿製品市場を支える重要な存在であった。綿業の全面統制が始まった1939年当初は、綿聯を中心とした生産統制会員に組織されず、原料綿糸の供給規制を受けながらも、彼らは織物製造同業組合に組織され、組合を通じて綿聯より原糸配給を受け、また中国人商人との直接取引が事実上において許されていたためある程度の自由度をもっていた。しかし、1941年夏以降、統制の強化とともに中国人織物業者は会員として組合に組織され、整理統合の対象となった。原料綿糸の調達困難などの要因と相まって、組合からの脱落業者が続出した。

　統制末期の中国人織物業者の経営についていえば、全体として休業または廃業する工場が多い中で、組合に組織され統制を受けた工場は低操業率を強いられ、収益が低迷するという傾向がみられた。統制組合の会員指定を受けていない統制外工場は原料の配給を享受できないとはいえ、入手しやすい闇資材に依存しつつ、統制困難な故繊維製品の生産や加工に身を転じ、製品を統制組織ではなく、闇市場とつながる小売商に直接販売することによって収益をあげていた。小規模統制外工場のこの種の相対的高利益傾向は中国人織物資本の小規模化・零細化および統制工場の統制外化を促進させていく要因となっていく。

　次に流通部門についてみる。配給統制によって流通機構が単純化され、中国人商人からなる卸商を排除する政策がとられた。これまで広大な営業範囲と強固な流通網をもっていた中国人商人は卸商排除策の実施により廃業者が続出した。しかし、一方で織物生産業者と同様に、小規模零細化することによって統制外資本に転換して営業を続ける事例や休業の看板を掲げながらも統制の隙間をぬって闇取引に身を投じ、闇経済の「繁盛」をもたらした中国人商人も多く存在した。このように卸商排除策は、現地経済に密着し、大きな影響力をもつ

204

中国人商人を対象としたために徹底した効果をあげることはできず、また市場の混乱を引き起こした側面が強いといえよう。満洲国政府は、闇経済が横行して配給が機能しない局面を改善するために、1945年5月に地方への配給の迅速化と確実化を図る目的で綿業統制政策の調整を行った。この新計画は再び旧来の組織を復活し、中国人資本を活用しようとしたが、策定から3ヵ月で日本は敗戦を迎え、それが実現することはなかった。

注

1) 満鉄調査部『満洲五箇年計画立案書類』(『第8巻雑鉱工業関係資料』) 1937年、42頁。

2) 前掲『満洲五箇年計画立案書類』、42-47頁。

3) 奉天紡紗廠 (奉天)、満洲紡績株式会社 (遼陽)、満洲福紡株式会社 (大連)、内外綿株式会社金州工場 (金州)、営口紡織株式会社 (営口)、恭泰莫大小紡績株式会社 (奉天)、満洲製糸株式会社 (瓦房店)、東棉紡織株式会社 (錦州)、東洋タイヤ工業株式会社 (奉天)、南満紡績株式会社 (蘇家屯) の紡績会社10社の合計数字である。なお、1938-1939年は満鉄調査部『満洲紡績業立地条件調査報告』1941年、78頁。1941年は満洲興業銀行『最近ニ於ケル我国綿糸布ノ需給ニ付テ』1942年、22-23頁。1945年8月の数字は東北物資調節委員会『東北経済小叢書：繊維工業』1948年、94頁による。

4) 「日本紡績の許可申請続出」『満洲評論』第13巻3号、1937年7月17日、28頁。

5) 「満洲棉花と東洋棉花会社の錦州進出計画」『満洲評論』第13巻11号、1937年9月11日、13頁。

6) 満鉄調査部『満洲紡績業立地条件調査報告』1941年、143頁、139頁。

7) 「全満紡織操短を実施」『満洲評論』第16巻16号、1939年4月21日、26頁。

8) 「満洲紡績七、八割の操短を予想」『満洲評論』第18巻11号、1940年3月16日、29頁。

9) 前掲『最近ニ於ケル我国綿糸布ノ需給ニ付テ』、13頁。過剰な設備の問題は織布生産にもみられた。1941年の綿布生産量は生産能力の67%にしか満たさなかった (17頁)。

10) 満鉄経済調査会『満洲経済年報』1935年版、481-494頁。

11) 前掲『満洲五箇年計画立案書類』、44頁。

12) 寒水害によって全般的に農作物の不作だった1938年を例外としても、1939年は1937年に比して作付面積は1割、繰棉生産量は2割のみの増加であった。満洲の棉花増産が進捗しなかった理由について当時の資料は1938年のような天候による偶発的な原因もあったが、棉花生産と品種改良は満洲の農業実態に適合していなかったと。具体的には次のように記した。①改良品種の栽培推進の限界である。満洲における棉花の品種は大別して改良陸地棉、陸地棉および在来棉の3種類であるが、収穫量と生産物品質からいえば、改良陸地棉は最も

優れており、次いで陸地棉、在来棉の順である。1937 年から 1939 年までは満洲棉花に占める改良陸地棉の作付面積は 5％から 39％、実綿収穫高の割合は 6％から 47％へと年々上昇し、ヘクタールあたりの収穫量も増加したが、それ以上の進展はなかった。理由として、自然環境の側面からみると、改良陸地棉は在来棉との間に収穫時期において大きな差があり、陸地棉の収穫は在来より 20-30 日も遅いため、「世界における棉作最北限地帯」といわれている満洲北部地帯にとって比較的適合していたのが在来棉だったのである。棉花公司は棉花の品種改良を図るものの、単純に在来棉を改良陸地棉に置き換えることは不可能であった。また、生産者の側面からいえば、多額の初期投資を要する改良品種の栽培は、単位あたり生産費用が在来棉に比しておよそ 4 割から 5 割まで高くなり、貧農が参入することは困難であった。在来棉でさえ「富農作物」とみられる満洲において、棉花栽培上における自然条件の不利および技術的困難に加えて、生産は豊富な肥料と農具、さらには多数の労働力と畜力を要した。生産に多額の初期費用を要するにもかかわらず豊凶の差が激しく、そのため作付けをなしえるのは中農層以上、富農に限られた。貧農が農村人口のほとんどを占める満洲の農村では、大半の農民はまず何よりも食糧自給を優先せざるを得なかったことから、作付けの増加には大きな限界があったのである。②満洲での棉花生産は生産費用が高く、農民が綿作に対して消極的であった。改良陸地棉は錦州省ではわずか 0.57 円のプラスとなっており、在来棉にいたっては、奉天省 2.24 円、錦州省 15.43 円の大幅赤字を出す様であった。このように、品種改良による内包的な増産も作付面積の増加による外延的な増産も、満洲においてその効果は限界的であった。(前掲『満洲紡績業立地条件調査報告』、42 頁、119 頁、137-138 頁。)

13) 前掲『最近ニ於ケル我国綿糸布ノ需給ニ付テ』、9 頁。

14) 前掲『東北経済小叢書：繊維工業』、39-40 頁と第 4 表。

15) 横浜正金銀行調査課『満洲綿業の概観』(1941 年、31 頁) は、「北支棉増産計画も単なるペーパープラン性の域を脱し得」なかったと評している。それによれば、同計画は 1938 年の 422 万 4,000 担から 46 年には 1,000 万担まで増産する予定であったが、順調には進まなかった。棉花の実際の出回りは、計画 1、2 年目には華北在華紡の 5 割操短をまかなうこともできない百数十万担にとどまったという。

16) 前掲『満洲紡績業立地条件調査報告』、51 頁、および「北支棉買付けは相当困難」『満洲評論』第 14 巻 2 号、1938 年 1 月 15 日、23 頁。

17) 「中支棉十万梱大豆油と交換輸入」『満洲評論』第 18 巻 15 号、1940 年 4 月 13 日、23 頁。

18) 「満洲国内にス・フ強制混用実施さる」日本綿織物工業組合聯合『綿工聯』第 43 号、1939 年 3 月、77 頁。

19) 飯塚浩二「戦争末年の南満洲における経済事情と労務管理」『東洋文化研究所紀要』第 32 冊、1964 年 3 月、263-264 頁。ちなみに、同社は 1923 年日本内外綿株式会社の投資によって設立、1945 年 8 月現在資本金 3,300 万円、職工数 3,200 人、精紡機 10 万 8,352 錘、捻糸機 1 万 680 錘、織機 2,272 台を有する満洲随一の機械制綿紡織工場であった。

20) 前掲飯塚報告に同社の操短要因として労働者、石炭、部品不足の問題も取り上げられた。

21) 清水秀夫「原棉綿製品統制法の解説」『奉天商工公会調査月報』第2巻9号、1939年9月、33-48頁。

22) 繊維聯合会時代においても、軍需、民需、特需の配給は一般配給と分離された。すなわち、配給機関の最下級である小売商から配給される一般配給に対し、軍需、民需あるいはそれに準ずる需要者に対しては繊維聯合会から配給されるものが直接配給、特別需要者に対して小売商を経由せずに元売捌業者から配給されるものが特別配給であった。特配は繊維作物、農産・畜産関係およびその他生産資材需要特殊会社工廠のためのものである。(前掲『東北経済小叢書：繊維工業』、106頁、111頁。)

23) 前掲『満洲綿業の概観』、16頁。「満洲綿業聯合会の改組拡大成る」『綿工聯』第43号、1939年3月、77-78頁。

24) 奉天紡紗廠（奉天）、内外綿株式会社金州工場（金州）、満洲福紡株式会社（大連）、満洲紡績株式会社（遼陽）、満洲製糸株式会社（瓦房店）、営口紡織株式会社（営口）、東棉紡織株式会社（錦州）、恭泰莫大小紡績株式会社（奉天）、東洋タイヤ工業株式会社（奉天）、奉天徳和紡織廠（奉天）、福寿織布株式会社（錦州）の11社である。

25) ほかに日本棉花株式会社奉天支店、東洋棉花株式会社奉天支店、兼松商店新京支店、田附商店奉天支店、丸永商店大連出張所、八木洋行奉天支店、又一株式会社奉天支店、江商株式会社奉天支店、満洲棉花株式会社奉天支店、満洲棉花株式会社大連支店、日商株式会社大連支店、日瑞貿易株式会社大連支店、加藤物産株式会社奉天支店、小西商店大連支店、三菱商事株式会社奉天支店、昭和棉花株式会社大連出張所がある。

26) 奉天商工公会『奉天商工公会会報』第13号、1939年10月25日、199頁。

27) 稲澤一徳「原棉綿製品統制法並同法施行規則解説」『新京商工月報』第2巻11号、1939年7月、32-36頁。

28) 藤原泰『満洲国統制経済論』（日本評論社、1942年）は原棉綿製品統制法は大手企業会員と綿聯のみに依存する法案であったと指摘したが、満洲国政府は中国人業者を度外視したわけではなく、この時点で現実的に会員として統制下に置くことは不可能だと判断したからだと筆者は考える。

29) 前掲『満洲国統制経済論』、214-215頁。

30) 「奉天省の綿業統制」『奉天商工公会調査月報』第2巻10号、1939年10月、37-38頁。

31) 「綿布の配給に就て」『奉天商工公会調査月報』第2巻9号、1939年9月、54頁。

32) 前掲『満洲国統制経済論』、214-215頁。

33) 第5章を参照されたい。

34) 陳祥「『満洲国』統制経済下の農村闇市場問題」芳井研一編『南満洲鉄道沿線の社会変容』第7章、知泉書館、2013年、202頁。なお、陳祥論文の第7-2表（196頁）にある元売捌人は哈爾濱繊聯、卸売人は伊藤忠又は丸永洋行との記載は、筆者が使用している資料と記

第7章　1937-1945 年の綿業と中国人商工業者　*207*

述が一致していない。筆者は、伊藤忠などの有力日本商社は元売捌業者であるという認識である。裏付け資料は神戸大学付属図書館新聞記事文庫「綿織物業」(8-131)（大阪朝日新聞 1939 年 3 月 25 日）、および満洲鉱工技術員協会『満洲鉱工年鑑』1942 年、259 頁などである。

35)　「公認の闇市場」という表現は資料からの引用である。ほかに「黙認された闇市場」の表記もある。矛盾した表現にみえるが、闇市場の取締りは満洲国統制末期において事実上不可能になっており、その存在を黙認せざるをえない状況にあり、その実態を反映した表現になっている（満洲中央銀行調査部『都市購買力実態調査報告』1944 年、211 頁）。

36)　前掲『都市購買力実態調査報告』、211 頁。

37)　警務総局経済保安科『満洲国の経済警察』満洲産業調査会、1944 年、67 頁。

38)　前掲『満洲綿業の概観』、32 頁。

39)　前掲『満洲綿業の概観』、34 頁。

40)　「繊維工業協同体制要綱案」『満洲評論』第 20 巻 6 号、1941 年 2 月 8 日、28 頁。

41)　「統制第三年度の衣料問題」『満洲評論』第 20 巻 15 号、1941 年 4 月 12 日、4 頁。

42)　前掲『東北経済小叢書：繊維工業』、第 7 表。

43)　前掲『東北経済小叢書：繊維工業』、98 頁、103 頁。

44)　「生必品輸入機構の二元化」『満洲評論』第 18 巻 11 号、1940 年 3 月、7 頁。

45)　前掲「統制第三年度の衣料問題」、4 頁。

46)　1939 年満洲国綿糸生産額 4,675 万円のうち、自家用生産は 1,396 万円（30%）、1940 年の生産額 3,210 万円のうち、1,083 万円（34%）は自家用として生産されていた（経済部工務司『満洲国工場統計（A）』1939 年、243 頁、同『満洲国工場統計（A）』1940 年、228 頁）。

47)　前掲『東北経済小叢書：繊維工業』、第 17 表。

48)　「繊維資源増産方策決定」『満洲評論』第 26 巻 20 号、1944 年 5 月 20 日、30 頁。

49)　以下、満洲繊維公社の概要については、「満洲繊維公社設立」、「繊維会社の統制方式」『満洲評論』第 26 巻 20 号、1944 年 5 月 20 日、29-30 頁。前掲『満洲鉱工年鑑』1942 年、256 -264 頁。

50)　ただし、綿布生産規模の最も多い内外綿紡績会社の綿布製品は 1937 年以降、日本軍と満洲国軍の軍専用に指定されていたたため、実際、市場に出回る綿布量はだいぶ少ないと思われる。

51)　繊維聯合会の会員としての指定を受けていない工場は「統制外工場」と呼ぶ。ちなみに、統制外工場という呼び名は当時使用されていた言葉である。また、統制外工場は闇生産の主役をなしていたことも事実である。

52)　「繊維及繊維製品統制法施行規則別表」に定められている。（石黒直男『満洲国生活必需品の配給統制』満洲図書株式会社、1941 年、265-266 頁。）

53)　前掲『都市購買力実態調査報告』、149 頁。

54)　本書でいう「闇生産」は、正規配給ルートを経由せずに闇市場や闇商人の手を経て原料

208

の入手と製品の販売を図る生産のことである。中国人綿織物業者に関していえば、綿聯会員指定を受けていないので指定外工場である。ただ、組合を組織して正規ルートで原料糸の配給を受けていたので、闇生産とはいえない（しかし、本書では資料不足のため実証できないが、実際はこれらの工場において、闇市場による必要資材の調達はかなり存在していた）。他方、綿業組合に加入していない零細工場も数多く存在した。これらの工場には原料配給がないため、闇市場により調達を行った。

55)　収益率の計算方法について資料は明らかにしていない。

56)　東亜経済調査局『土着資本調査報告書』1944年、6頁。

57)　張暁紅「『満洲国』期における奉天の工業化と中国資本 — 機械器具工業の分析を中心として」（柳沢遊他編著『日本帝国勢力圏の東アジア都市経済』慶應義塾大学出版会、2013年、221-249頁）においては民族資本と闇市場とのかかわりを分析した。

58)　表7-3の東亜経済調査局資料も同様の立場である。

59)　前掲『都市購買力実態調査報告』、102頁。

終　章
総括と展望

　本書の課題は、近代の中国東北地域を対象に、支配される側の商工業や経済主体の立場から、満洲国支配が中国人商工業に対して与えた影響を解明することである。

　以下では、本書で得た結論を先行研究との関連を意識しながら総括するとともに、残された課題を整理しておきたい。

1.　総　括

　1930年代の中国東北地域において、綿織物業は群を抜く労働者数を擁し、工業構成で大きな比重を占めていたにもかかわらず、従来の研究では、東北地域の綿織物業は未発達で、綿布はほとんど輸入に依存しているとされてきた。しかし、本書の第2章で明らかにしたように、その論拠となった統計は誤っており、実際には1920年代後半、東北地域の綿布製品は当市場において3-4割を占め、輸入生地綿布と対抗しつつ一定の発展を遂げていた。『満洲経済年報』の著者たちが主張するように、決してその資本主義的発展がその端緒から阻害されていたわけではなかったことが明記されなければならない。

　また、織布兼営の大規模紡績工場である奉天紡紗廠は中小綿織物業の発展を抑圧したと評価されてきたが、同廠の綿布生産は粗布と細布生産を主としており、中小綿織物業者は主に大尺布を生産していたため、競合関係にはなく、棲分けが行われていた。1920年代における奉天紡紗廠を中心とした紡績工場の発展は中小綿織物業に廉価な原料綿糸を供給し、その発展を促進したのであ

る。

　日本の東北支配が軍閥時代から発展しつつあった綿業にどのような影響を与えたかという観点から明らかにしえたことをまとめれば次のようになる。

　満洲国の建国から日中戦争までの綿織物業に与えたもっとも大きな政策は1934年の満洲国第二次関税改正であった。同改正は従来評価されてきたように、決して東北綿織物業の保護を目的とするものではなく、綿布生産の急激な没落を回避しつつも徐々に衰退せしめるというものであって、実質的には温和な抑制策であった。この改正は農業恐慌、自然災害と相まって、満洲国の中小綿織物業者に深刻な打撃を与えることとなった。

　1930年代は東北地域の紡績業における日系資本の支配が確立された時期でもあった。満州事変以降、満洲ブームに乗って日系綿業資本が相次いで進出し、また既設の日系企業が設備を拡張する一方、中国人資本工場が日系によって買収され姿を消した。東北地域の紡績生産は日系資本によって再編成され、完全な日系資本の支配下になった。

　戦時統制期に入ると、日満経済ブロックを維持するために実施された経済統制によって綿糸布輸入は激減し、満洲国の綿業は一時的に好況を享受するが、まもなく原料棉花の絶対的不足から統制が全面化し、綿布生産も激減した。中国人綿織物業者や綿糸布商は組織化され、統制機構に組み込まれた。しかし、中小織物業者に対する綿糸の配給は少なく、統制機構に組み込まれた中小織物業の経営は危機的状況に追い込まれた。逆に、闇経済に依存して原料調達を行う統制外工場が活況を呈することになったのである。

　確かに、満洲国の設立によって日本から巨額の重工業投資が展開され、中国東北地域は第二次大戦後の中国重工業の拠点となるきっかけを得た。しかし張氏軍閥政権下で一定の発展を遂げつつあった綿織物業は、満洲国政府の関税政策と統制政策によって歪められ、その発展を押し留められ、厳しい経営環境の中で大量に廃業した。一部の工場は、直接あるいは間接的に闇経済に依存するような形で強靭に存続し力を温存した。これは満洲国崩壊後、東北地域民営工業経済において繁栄の局面を作り出す前提条件となった。

2. 中国綿業と東北綿業

　最後に、本書が明らかにしえたことを中国綿業史研究と関連させながら、以下の3点についてまとめておきたい。

　第1点は、1920年代以降の東北地域の綿業の発展を中国綿業の発展と重ね合わせた場合、どのように位置づけられるかという点である。序章で述べたように、1920年代を通じて、中国では在来織布業と近代織布業のほぼ拮抗する二大市場が重層的に形成され、機械製綿糸消費高はほぼ倍増した。

　この時期の東北綿業は中国の他地域と比べて次のような特徴をもっていた。紡績業についていえば、東北の紡績業は中国本土沿海地域の紡績業と比べると、1920年代に初めて設立されるなどその発展は相対的に立ち遅れていた。また、内陸部の紡績業に比べると、原棉をインド棉に依存していた点が特徴的であった。織物業についてみると、織布兼営大規模工場は主として粗布や細布を生産し都市市場に依存しており、他方、中小綿織物業は農村市場への依存度が高かった。もう一つ本土と違うのは輸入綿織物が6-7割も占めていた点である。輸入綿布は細布も大尺布も輸入され、日本人消費市場や東北高品質綿布消費市場ばかりか、農村市場へも浸透して東北地域の中小綿織物業者を圧迫した。

　とはいえ、中国本土の綿織物業も、東北ほどではないにせよ輸入綿布による圧迫を受けていたから、民族紡による綿糸供給が開始され、近代的綿織物業が同じように展開したという点に着目するべきであろう。

　しかし、1930年代になると中国本土と東北綿業のあり方は大きく異なることになる。すなわち、中国本土では満州事変を契機に日本製品がボイコットされ、関税自主権の回復に基づく関税率の大幅引上げによってほぼ綿布の自給化が達成された[1]。これに対して、東北部では満洲国政府によってまったく異なった関税政策がとられ、綿布輸入はむしろ増大した。この時期、東北を含む中国全土の輸入綿布の99%は日本からの東北向け輸出であった。満洲開発ブームによって幾分緩和されたとはいうものの、輸入綿布は東北綿織物業の発展を抑制したのである。

以上から、ほぼ同時期に改定された中華民国の関税政策と比べると、満洲国の関税政策を保護政策と評価できないことがより明瞭になるであろう。序章で述べたように、もし日本による東北侵略がなく、したがって関税改正や経済統制がなく、東北が中華民国の保護関税のもとにあったならば、満洲においても近代綿業はまた異なった発展があったはずなのである。

なお、日中戦争期以降の戦時期については、中国綿業がどのような展開を示すのか、これまでの研究は明らかにしていないが、統制が強化されていく面においては中国本土と東北地域と共通するが、公定価格での販売や原棉不足の問題を抱えながらも精紡機の増加を図りつづけたことなどでは、東北地域は中国本土と様相が大きく異なっていた。なによりも綿織物業に関していうと、統制下において組織された工場は原棉不足により経営が停滞し、組織されなかった零細規模統制外工場は入手しやすい闇資材に依存しつつ生産し、製品を統制組織ではなく、闇市場とつながる小売商に直接販売することによって収益をあげていたことは特徴的である。

第2点は、東北綿業と中国綿業の地帯構造論との関係である。東北綿業が中国綿業の発展と同様の発展を遂げていたといっても上海や江浙、あるいは華北沿海部とはその発展のあり方は大きく異なっていたと推定される。久保亨の地帯区分論では、東北は上海の工場と対照的な華北・華中内陸部とされているが、むしろ中間型として把握するべきではないかと考える。その理由は以下の点にある。

第一に、資本主体からみると、華中華北の紡績業が民族紡であったのに対し、東北の民族紡績業は戦時期に日系資本に買収されて消滅した。第二に、原棉調達でいえば、東北の紡織工場は奉天紡紗廠が一部満洲棉を使用したものの戦時期以前には大部分インド棉花を使用して太番手綿糸を紡出していた。第三に、市場について東北紡績業はもっぱら東北地域を市場としていたが、奉天紡紗廠の場合、生産綿糸の3-4割が都市市場であり、同時に広く農村織物業にも依存していた。主として都市市場に依存した沿海部型とも農村市場に依存した内陸部型とも異なるのである。

第3点は満洲国成立の影響である。第6章で分析したように、満洲国成立

後、唯一の中国人資本である奉天紡紗廠は鐘紡に買収され、中国人資本によって設立された新工場も朝鮮紡績に支配された。以後、東北地域の紡績業において日系資本による新設と拡張だけが展開された。綿織物業についてみると、中小綿織物業は満洲国成立とともにその関税政策によって日本綿布との競争に晒されたばかりか、戦時経済統制によってその経営は危機的状況に追い込まれた。闇経済に依存する統制外工場だけが活況を呈する事態になったのである。

こうした発展の差異を考慮すると、東北綿業はむしろ内陸型とは異なったタイプとして区分すべきもののように思える。筆者は東北綿業の発展類型を久保の内陸型とは区別し、さしあたり「東北型」と呼んでおきたい。東北型とは、中国人資本の発展が都市市場に依存する一方、広範に存在する農村市場（大尺布・土布市場）にも依存しており、織物としては主として太番手によって大尺布や粗布が生産されているタイプであり、中国本土と雁行して発展しながら、1930年代満洲国成立によって中国本土から切り離され、その発展を植民地的に再編成されたタイプである。

3. 今後の課題

最後に、重要性を認識しながらも本書で十分に触れることのできなかった点を整理し、今後の課題としたい。

この点についてまずあげなければならない課題は、東北における綿織物市場の構造を明らかにしなければならないということである。兼営織布と中小綿織物業についての棲み分けについては本書でも触れたが、都市で生産されたこれらの製品は輸移入綿布とはどのような関係にあり、東北綿布市場はどのような構造になっていたのかは未解明のまま残されている。

第二に、本書では綿布流通における流通組織、とくに糸房を軸とする商人の流通・金融ネットワークの解明については不十分であるという点である。奉天の綿織物業者が零細であり、零細な機房が生産を行いうるのは、綿糸布商（糸房）の綿布生産組織者としての前貸し金融と製品の買取りに負うところが大きいということについては、本書でもすでにいくつかの事例によって指摘したと

ころである。しかし、この両者の関係や糸房と地方商人との取引関係、さらに金融ネットワークに関しては十分には明らかにすることはできなかった。今後、東北綿織物業の展開を立体的に解明するためには、何よりも糸房の活動を具体的に明らかにすることが必要であると考えている。

最後に、こうした作業を踏まえて、現在の中国近代綿業史研究では蓄積の少ない東北地域の綿業を中国全体の綿業の発展構造に位置づけることも課題である。

注

1) 森時彦『中国近代綿業史の研究』京都大学出版会、2001 年。ただし、この自給綿布には兼営織布の綿布製品が含まれている。兼営織布の相当部分は「在華紡」であったから、森自身も認識しているように、この自給化には大きな限界があったといわなければならない。

あとがき

　本書は、2007年3月に九州大学に提出された博士学位論文をベースに、後に発表した学会誌等掲載論文を加えながら大幅に加筆・修正を施したものである。本書と博士論文の関係は以下のとおりである。

（博士学位論文章立て）

　　序　　章　　課題と視角

　　第1章　　奉天の工業とその特徴

　　第2章　　1920年代の奉天市における中国人綿業

　　第3章　　「満洲国」第一期経済建設期の関税政策と綿業

　　第4章　　1930年代の東北綿業

　　第5章　　綿布流通とその担い手

　　第6章　　戦時統制期の綿業

　　終　　章　　総括と展望

　本書の第1章は、博士論文（以下、博論）第1章の内容に奉天の商業的な役割の考察を付け加え、さらに、資料の限界性を指摘したうえで『満洲国工場名簿』に基づいて中国人工場の地域的・業種別分布の特徴をあきらかにした。第2章と第3章は、基本的に博論第2章・第3章の姿を留めているが、新たな資料による補強を行っている。第4章と第6章は、博論の第4章にあたる部分である。博論提出後の新たな資料の発掘により、大規模工場と中小工場にわけて個別に検証することが可能になり論文全体のボリュームが膨らんだため、構成を組み直した。第5章は、博論をベースにした投稿論文の姿を留めているが、奉天市商会についての考察を加えている。第7章は、博論の第6章にあたる部分である。既発表論文では、論旨を明確にするために大幅に書き直し、構成を組み直している。統制末期の中国人商工業者の経営状況に関する分析は、既発表論文では言及しておらず本書の書き下ろしである。

博士論文の指導・審査にあたっては、荻野喜弘先生（主査）、藤井美男先生（副査）、北澤満先生（副査）、柳沢遊先生（副査・学外）のお世話になった。とくに荻野先生には、留学生として初めて先生の研究室のドアをノックした時から学位を取るまでの長きに渡って、指導教員として一方ならぬお世話になった。当時、経済学部長という要職に就かれて多忙な中、時間を割いて指導いただいた学恩は忘れることができない。藤井先生と北澤先生には、優しく温かく指導をいただいた。藤井先生のゼミにも参加して学ばせていただいたし、北澤先生には論文の表現や表記など細かな部分まで丁寧な助言をいただいた。柳沢先生には、学外審査員としてそして中国東北地域の研究者として、熱心かつ緻密な助言をいただいた。学会や研究会でお会いするたびに有益な助言をいただいたことは、論文執筆の大きな原動力となった。本書を出版するにあたり、これまで先生方から受けたご指導・学恩に心から感謝申し上げたい。

　思い出深い九州大学箱崎キャンパスで博士論文を執筆してから、はや10年の月日が経とうとしている。私にとってこの10年は、留学生として学位を取り、郷里で教鞭を執り、縁あって再び日本に戻ってくるという激動の期間であった。この間、研究・生活環境は福岡、大連、札幌、福岡、高松と目まぐるしく変わった。決定的な変化は、研究者としての拠点を日本におくことになったこと、そして高松の現職場で常勤の職を得たことである。この間の研究動向の変化や研究視野の広がりを踏まえて、自身の中国東北地域の綿業に関する研究の到達点として本書をまとめる必要性を感じていたところ、幸運にも香川大学経済研究叢書としての出版助成を受けることができた。

　大連で大連理工大学に奉職していた間は、研究対象の中国東北地域の満洲国期の史料に頻繁にアクセスすることができ、同領域の中国人研究者たちと接することによって中国での研究動向を把握することができた。その後の鹿島学術振興財団による長期受け入れや本務校の海外派遣制度を利用した日本滞在（札幌や東京など）では、所属学会の九州部会や西日本部会とはまた違った研究者の構成や研究課題に触れることができおおいに刺激になった。

　研究視野の広がりでは、中国東北地域の綿業にとどまらず、中国人商工業者

の視点から満洲国の新興産業の代表であった機械器具工業に従事した中国人工場の研究や、戦時と戦後の連続性と断絶性に関わる満洲国期中国人資本の新中国成立後の展開に関する研究に着手することができた。これらの関連領域に視野を広げることによって、それまでの「近代東北地域の綿業」という研究テーマを、より明確に歴史の中に位置づけられるようになった。

　以下に、少しばかり個人的な回想と、お世話になった方々への謝辞を述べさせていただきたい。

　私は中国東北地域の玄関口として知られる大連市で生まれ育った。美しい海浜都市に暮らすことを誇りに思ったことはあったが、近代史上における大連の位置づけを深く考えたことはなかった。そんな私が経済史に興味を覚えたのは、母校の大学である大連外国語学院に外国人専門家として赴任された迎由理男先生（北九州市立大学名誉教授）のおかげである。先生の講義は学生を惹きつける強い力があり、すばらしいものであった。あらゆる物事を知っているかのように見えた先生の専門は日本経済史であったから、自分も日本経済史を学べば先生のように物知りになれるのではないかと単純に思ったわけである。迎先生は私の「啓蒙之師」（啓蒙の師）である。

　独学で経済史を学ぶうちに、自分自身の故郷を見る目も変わってきた。自分はかの日露戦争の跡地で生まれ育ち、故郷は100年も経たない前に日本の支配下にあったこと。実は自分が暮らしている街並みの中に数多くの植民地時代の建物が残されており、祖父母世代の人たちは片言ではあるけれども日本語がわかり喋れる人もいるといった事実について真剣に考えるようになった。

　そうこうするうちに、学問的な関心ももつようになった。歴史を振り返れば、東アジア諸国が世界資本主義体制に組み込まれていく際に、もともとは日本も中国も朝鮮も大きくみれば同じような経済の発展段階にあった。しかしその後、日本は近代化を成し遂げて次第に朝鮮や台湾経済を日本経済に組み込んでいった。一方、中国は欧米列強や日本から半植民地化され、国民経済の発展は次第に抑圧され、民族産業の発展もそれまでと違う軌道に乗せられた。第二次大戦後の中日国交回復後は、一転して中日経済関係は相互補完関係として発

展し、日本に牽引される形で中国経済が発展してきた側面も少なくなかった。こうした抑圧・被抑圧関係から相互補完・互恵関係に発展した一連の中日経済の関係をいかなる視点からどのように捉えればよいのか、というのが当時の私の疑問であった。過去の不幸な中日経済関係はどのような条件のもとでもたらされ、両国の発展にとって中日関係はどうあるべきだったのかを、歴史分析を通じて明らかにしていきたいと考えていた。

　留学生として初めて文字通り研究の門を叩いた、荻野喜弘先生（九州大学名誉教授、現下関市立大学）の研究室を訪問したときのドキドキした感覚はいつまでも褪せることなく鮮明に記憶している。私の大学院受験に向けた経済史の勉学もその時から始まった。先生はご多忙にもかかわらず毎週のように私のための個別レッスンを設けてくださり、レベルの低い質問にも熱心に付き合ってくださった。私は先生から専門知識のみならず研究者としての生き方を学び、先生の背中を見て自分も研究者としての人生を歩みたいと決心した。大学院修士1年の元旦には、先生の年賀から「初心を忘れず」という言葉をいただき、この言葉は私の宝物になった。先生には、修士1年から博士学位取得まで指導教員としてお世話になった。荻野先生は私の「一生之師」（一生の師）である。

　無事に九州大学大学院経済学府に入学して研究を進めるうちに、柳沢遊先生（慶應義塾大学）と知り合う機会に恵まれた。先生には、商工業者に焦点を絞った研究の重要性と「歴史的事実は細部に宿る」ことを教えていただいた。重ねて感謝申し上げたいのは、中国に帰国後長らく日本の研究環境から離れてしまっていた私を、温かい心で研究活動に誘っていただき発表の機会もいただいたこと、温かく励まし続けていただいたことである。とくに2012年度の鹿島学術振興財団の海外研究者長期受け入れ助成にあたっては、申請から受け入れまで大変にお世話になった。この時の日本滞在によって私は新たな刺激を受け、新しい研究領域に足を踏み入れ、現在の研究につながるきっかけを得ることができた。先生のお心遣いがなければ、現在こうして再び日本を拠点に研究活動を続けることはできなかったであろう。柳沢先生は私の「引路之師」（導きの師）である。

あとがき　*219*

　上記の日本滞在中とりわけ札幌では、白木沢旭児先生（北海道大学）にお世話になった。慣れない札幌での生活に困惑していた私に、先生は研究会に参加するよう声をかけてくださり、編著への執筆の機会を与えてくださった。福岡時代とはまた違った研究者の顔ぶれ、雰囲気、研究課題等々、私はおおいに研究の刺激を得ることができた。札幌滞在中も充実した研究生活を送ることができたのは先生のおかげである。

　前職場である九州大学附属図書館付設記録資料館産業経済資料部門の三輪宗弘先生にも感謝申し上げなければならない。中国から日本に研究の拠点を移した私にとって、留学生時代に多くの時間を過ごし学んだ箱崎キャンパスに職を得ることができたのは幸運であった。元九州大学石炭研究資料センターであった施設での研究生活は充実していたが、短い期間で異動することになったことは心残りである。

　箱崎での研究生活は苦労があったけれども、幾人もの先生方から多くのことを学び、恵まれた環境の中で切磋琢磨することができた。とくに、東定宣昌先生（九州大学名誉教授）、藤井美男先生（九州大学）、北澤満先生（九州大学）にはお世話になった。

　当時の指導方針で、九州大学石炭研究資料センター（当時）のゼミにも参加させていただき、諸先生・先輩・友人らとともに、議論し学ばせていただいたことを忘れることはできない。一人一人のお名前を挙げることは控えさせていただくが、こういった多くの方々からの教え、助言、学び、交流が現在の研究者としての私の血肉となっている。この場を借りて感謝申し上げたい。

　本書は、香川大学経済学会から香川大学経済研究叢書出版助成を受けて出版が可能となった。香川大学経済学会と、本書をまとめ上げる環境を用意してくれた現職場・同僚たちに感謝したい。編集を担当していただいた株式会社大学教育出版の佐藤守氏にも感謝を申し上げたい。煩雑な校正作業に快くかつ柔軟に対応してくださり、文中の表記や図表のレイアウトなど多くを点検していただいた。氏の仕事によって本書はずいぶんと読みやすくなったはずである。

　最後に、私事にわたるが家族に感謝したい。夫（博登）と２人の娘たちは、生活拠点が転々とすることをも柔軟に受け入れてくれている。そしてとくに、

父（張建忠）と母（張波）に感謝したい。両親は、決して裕福とはいえない暮らしのなかで教育への投資を惜しまず、日本への留学を後押ししてくれた。研究者として母国を離れて暮らす私の生き方も許容してくれた。なによりも60年以上暮らした故郷を離れ、言葉も生活習慣も異なる日本に長期滞在して、孫たちの面倒を見ながらずっと傍らで支えてくれていることに感謝したい。今回、長年の研究成果を世に送り出すことができたのは両親の協力のおかげである。本書を両親に捧げる。

2017年冬

筆者　高松にて

付記
　本書の刊行には、香川大学経済学会経済研究叢書出版助成の補助を受けた。記して謝意を表する。

初出一覧
　本書は、九州大学大学院経済学府に提出した博士学位論文「1920-1945年中国東北部の綿業 ― 奉天市の綿織物業を中心として」（平成18年度）をもとに、その後の学会誌等掲載論文を取り込むなど大幅な改稿を行っている。また、いくつもの加筆・修正をしたため必ずしも既発表論文の内容と重ならない部分も多い。既発表論文のうち本書に関係するものを以下にあげる（一部刊行予定も含む）。

　第1章
　「満州事変期における奉天工業構成とその担い手」九州大学大学院経済学会『経済論究』120号、2004年11月
　「『満州国』商工業都市」慶応義塾経済学会『三田学会雑誌』101巻1号、

2008 年 4 月

「1940 年代初頭の奉天市における中国人工場の地域分布」白木沢旭児編著『北東アジアにおける帝国と地域社会』北海道大学出版会、2017 年 4 月刊行予定

第 2 章

「1920 年代の奉天市における中国人綿織物業」政治経済学・経済史学会『歴史と経済』第 194 号、2007 年 1 月

第 3 章

「『満州国』第一期経済建設期の関税政策と綿業」日本植民地研究会『日本植民地研究』第 19 号、2007 年 6 月

「偽満洲国的関税政策与民族工業」（中国語）広東省社会科学界聯合会『学術研究』2008 年第 1 期、2008 年 1 月

第 5 章

「両大戦間期奉天における綿糸布商とその活動」九州大学経済学会『経済学研究』第 77 巻第 4 号、2010 年 12 月

「近代東北地区綿紡績品商人的活動及其性質」（中国語）厦門大学歴史研究所『中国社会経済史研究』第 125 期、2003 年第 2 期、2013 年 6 月

第 7 章

「『満洲国』の綿業統制と土着資本」政治経済学・経済史学会『歴史と経済』第 234 号、2017 年 1 月

参考文献

・Ⅰ書物および論文、Ⅱ資料の順番で掲出する。
・配列は著者（作成機関）のアルファベット順に従う。
・中国語文献については日本語発音によっている。

Ⅰ　書物および論文

阿部武司〔2000〕「在華紡の経営動向に関する基礎資料」神戸大学経済経営研究所『国民経済雑誌』第 182 巻 3 号

阿部武司〔2004〕「在華紡の組織能力」龍谷大学経営学会『龍谷大学経営学論集』第 44 巻 1 号

安原美佐雄〔1919〕『支那の工業と原料』（第一巻上）上海日本人実業協会

浅田喬二・小林英夫〔1986〕『日本帝国主義の満州支配』時潮社

武力〔1997〕「建国初期経済史研究的若干思考」中国社会科学院『当代中国史研究』1997 年第 2 期

中国社会科学院中央档案館〔1989〕『1949-1952 中華人民共和国経済档案資料選編』（基本建設投資和建築業巻）中国城市経済社会出版社

丁日初著、倉橋正直（訳）〔1987〕「買弁的商人、買弁と中国のブルジョアジー」『愛知県立大学文学部論集』（一般教育編）第 36 号

張暁紅〔2004〕「満州事変期における奉天工業構成とその担い手」九州大学『経済論究』第 120 号

張暁紅〔2008〕「「満洲国」商工業都市 ― 1930 年代の奉天の経済発展」慶応義塾経済学会『三田学会雑誌』101 巻 1 号

張暁紅〔2013〕「『満洲国』期における奉天の工業化と中国資本 ― 機械器具工業の分析を中心として」柳沢遊他編著『日本帝国勢力圏の東アジア都市経済』慶應義塾大学出版会

張暁紅〔2014〕「政府主導下の日本中小工場の満洲移植 ― 日満両政府の政策意図と実績との乖離をめぐって」『三田学会雑誌』107 巻 3 号

陳祥〔2013〕「『満洲国』統制経済下の農村闇市場問題」芳井研一編『南満洲鉄道沿線の社会変容』知泉書館

福田実〔1976〕『満洲奉天日本人史』謙光社

厳中平〔1955〕『中国綿紡織史稿』科学出版社

原朗〔1972〕「1930 年代の満州経済統制政策」満州史研究会編『日本帝国主義下の満州』御茶の水書房

古田和子〔2000〕『上海ネットワークと近代アジア』東京大学出版会

藤原泰〔1942〕『満洲国統制経済論』日本評論社

浜下武志、川勝平太〔1991〕『アジア交易圏と日本工業化 1500-1900』リブロポート

本野英一〔2004〕『伝統中国商業秩序の崩壊 ― 不平等条約体制と「英語を話す中国人」』名古屋大学出版会

林原文子〔1986〕「愛国布の誕生について」『神戸大学史学年報』第 1 号

馮筱才〔2001〕「中国商会史研究之回顧与反思」中国社会科学雑誌社『歴史研究』2001 年第 5 期

衣保中・林莎〔2001〕「論近代東北地区的工業化進程」吉林大学『東北亜論伝』2001 年第 4 期

石井摩耶子〔1998〕『近代中国とイギリス資本』東京大学出版会

飯塚浩二〔1964〕「戦争末年の南満洲における経済事情と労務管理」『東洋文化研究所紀要』第 32 冊

飯塚靖〔2003〕「満鉄撫順オイルシェール事業の企業化とその展開」アジア経済研究所『アジア経済』第 44 巻 8 号

飯塚靖〔2008〕「『満洲』における化学工業の発展と軍需生産 ― 満洲化学工業株式会社を中心として」『下関市立大学論集』第 52 巻、第 1.2 合併号

飯塚靖〔2009〕「国共内戦期・中国共産党による軍需生産 ― 大連建新公司を中心に」『下関市立大学論集』第 52 巻、第 3 号

郝延平〔1988〕『十九世紀的中国買弁』上海社会科学出版社

黄逸峰〔1982〕『日中国的買弁階級』上海人民出版社

解学詩〔2008〕『偽満洲国史新編』人民出版社

久保亨〔1981〕「日本の侵略前夜の東北経済 ― 東北市場における中国品の動向を中心に」歴史科学協議会『歴史評論』第 377 号

久保亨〔2005〕『戦間期中国の綿業と企業経営』汲古書院

許淑真〔1984〕「川口華商について 1889-1936 ― 同郷同業ギルドを中心に」平野健一郎編『近代日本とアジア ― 文化の交流と摩擦』東京大学出版会

金子文夫〔1991〕『近代日本における対満州投資の研究』近藤出版社

桑原哲也〔1995〕「日本における工場管理の近代化」神戸大学経済経営研究所『国民経済雑誌』第 172 巻 6 号

桑原哲也〔1998〕「在華紡績業の盛衰」神戸大学経済経営研究所『国民経済雑誌』第 178 巻 4 号

孔経緯〔1986〕『東北経済史』四川人民出版社

孔経緯〔1994〕『新編中国東北地区経済史』吉林教育出版社

小林英夫〔1972〕「満州金融構造の再編成過程」満州史研究会編『日本帝国主義下の満州』御茶の水書房

神戸大学付属図書館新聞記事文庫「綿織物業」(8-131)（大阪朝日新聞 1939 年 3 月 25 日）

石黒直男〔1941〕『満洲国生活必需品の配給統制』満洲図書株式会社

川村宗嗣〔1934〕『満洲織布業ノ危態ニ就テ』出版社不詳（遼寧省档案館所蔵、工鉱941号）

風間秀人〔1993〕『満州民族資本の研究 ― 日本帝国主義と土着流通資本』緑蔭書房

籠谷直人〔2000〕『アジア国際通商秩序と近代日本』名古屋大学出版会

向井清二〔1939〕『日満支の商品』満洲帝国政府特設満洲事情案内所

溝口敏行・梅村又次〔1988〕『旧日本植民地経済統計　推計と分析』東洋経済新報社

守屋典郎〔1973〕『紡績生産費分析』（増補改版）御茶の水書房

松重充浩〔1990〕「『保境安民』期における張作霖地域権力の地域統合策」広島史学研究会『史学研究』第186号

松重充浩〔1997〕「国民革命期における東北在地有力者層のナショナリズム ― 奉天総商会の動向を中心に」広島史学研究会『史学研究』216号

松本俊郎〔1988〕『侵略と開発 ― 日本資本主義と中国植民地化』御茶の水書房

松本俊郎〔2000〕『「満洲国」から新中国へ ― 鞍山鉄鋼業からみた中国東北の再編過程1940-1954』名古屋大学出版会

松野周治〔1993〕「関税および関税制度から見た『満洲国』― 関税改正の経過と論点」山本有造『「満洲国」の研究』京都大学人文科学研究所

森時彦〔2001〕『中国近代綿業史の研究』京都大学出版会

森時彦〔2010〕「紡績系在華紡進出の歴史的背景」京都大学人文科学研究所『東方学報』第85巻

峰毅〔2009〕『中国に継承された「満洲国」の産業 ― 化学工業を中心にみた継承の実態』御茶の水書房

満州史研究会〔1971〕『日本帝国主義下の満州』御茶の水書房

西川喜一〔1924〕『綿工業と綿糸綿布』上海日本堂書房

西川博史〔1987〕『日本帝国主義と綿業』ミネルヴァ書房

中兼和津次〔1999〕『中国経済発展論』有斐閣

中村哲〔1988〕『朝鮮近代の歴史像』日本評論社

日本図書センター〔1989〕『満洲人名辞典』

応莉雅〔2004〕「近十年来国内商会史研究的突破和反思」厦門大学『中国社会経済史研究』

王水〔1984〕「買弁的経済地位和政治傾向」中国社会科学出版社『中国社会科学院経済集刊』第7号

大野太幹〔2004〕「満鉄附属地華商商務会の活動 ― 開原と長春を例として」アジア経済研究所『アジア経済』第45巻第10号

大野太幹〔2006〕「満鉄附属地華商と沿線都市中国商人 ― 開原・長春・奉天各地の状況について」アジア経済研究所『アジア経済』第47巻第6号

汪敬虞〔1983〕『唐延枢研究』中国社会科学出版社

汪熙〔1980〕「買弁和買弁制度」『近代史研究』1980年第2期

遼寧省統計局〔2003〕『遼寧工業百年史料』遼寧省統計局印刷廠

朱英〔2001〕「近代中国商人与社会変革」『天津社会科学』2001年第5期

杉原薫〔1996〕『アジア間貿易の形成と構造』ミネルヴァ書房

杉山伸也、リンダ・グローブ〔1999〕『近代アジアの流通ネットワーク』創文社

瀬戸林政孝〔2008〕「20世紀初頭華北産棉地帯の再形成」社会経済史学会『社会経済史学』第74巻3号

鈴木邦夫『満州企業史研究』〔2007〕日本経済評論社

瀋陽市人民政府地方志「1994」『瀋陽市志』第5巻、瀋陽出版社

瀋陽市第二百貨店史編纂室『瀋陽市第二百貨店店史』上編『吉順糸房的興衰史』

『近きに在りて』編集部〔1984〕「中国産業史研究への模索 ―『中国綿業史セミナー』の開催」『近きに在りて』汲古書院

高村直助〔1982〕『近代日本綿業と中国』東京大学出版会

塚瀬進〔1990〕「中国東北綿製品市場をめぐる日中関係」中央大学『人文研紀要』11号

塚瀬進〔1997〕「中国東北地域における日本商人の存在形態」中央大学文学部『紀要』168号

塚瀬進〔1997〕「奉天における日本商人と奉天商業会議所」波形昭一編『近代アジアの日本人経済団体』同文館

鄭敏〔2000〕「試論東北淪陥時期日本資本在東北的拡張」中国吉林省社会科学院『社会科学戦線』2000年第6期

富澤芳亜〔1997〕「劉国鈞と常州大成紡織染股份有限公司」曽田三郎編『中国近代化過程の指導者たち』東方書店

上田貴子〔2001〕「1920年代後半期華人資本の倒産からみた奉天都市経済」日本現代中国学会『現代中国』第75号

上田貴子〔2014〕「奉天・大阪・上海における山東幇」『孫文研究：会報』54号

内田直作〔1949〕『日本華僑社会の研究』同文館

山本有造〔1993〕『「満洲国」の研究』京都大学人文科学研究所

山本有造〔2003〕『「満洲国」経済史研究』名古屋大学出版会

柳沢遊〔1999〕『日本人の植民地経験』青木書店

カーター・J・エッカート著、小谷まさ代訳〔2004〕『日本帝国の申し子』草思社

リンダ・グローブ〔1999〕「華北における対外貿易と国内市場ネットワークの形成」杉山伸也、リンダ・グローブ『近代アジアの流通ネットワーク』創文社

Ⅱ　資料

長春駅貨物取扱所〔1932〕『満洲ニ於ケル綿糸布事情』

大日本紡績聯合会『大日本紡績聯合会月報』

大連商工会議所『満洲銀行会社年鑑』

大連商工会議所『満洲経済統計年報』

大連商工会議所『満洲経済図表』

外務省通商局『週刊海外経済事情』

外務省通商局『日刊海外商報』

奉天紡紗廠〔1936、1940〕『股東姓名表』

奉天興信所〔1933〕『第二回満洲華商名録』（『第八回奉天商工興信録』）

奉天市公署『奉天市統計年報』

奉天市公署『奉天統計年報』

奉天商業会議所『奉天商業会議所月報』

奉天商工会議所〔1937〕『奉天産業経済の現勢』

奉天商工会議所〔1940〕『奉天経済三十年史』

奉天商工会議所『奉天商工月報』

奉天商工会議所調査課〔1936〕『諸工業関係方面ヨリノ関税是正要望』

奉天商工公会〔1942〕『奉天産業経済事情』

奉天商工公会『奉天経済統計年報』

奉天商工公会『奉天経済事情』

奉天商工公会『奉天商工公会会報』

奉天商工公会『奉天商工公会調査月報』

奉天日本総領事館〔1924〕『管内事情』第 1 巻の 3

実業部臨時産業調査局〔1936〕『綿花、綿糸、綿布に関する調査報告書』

実業部臨時産業調査局〔1937〕『満洲ニ於ケル商会』

関東局官房文書課〔1937〕『関東局統計三十年誌』

関東都督府〔1916〕『支那銀行支店設置許可ニ関スル協議ノ件』

関東都督府民政部庶務課〔1915〕『満洲ニ於ケル棉布及棉糸』

経済部工務司〔1941〕『満洲国工場名簿』

経済部大臣官房資料科〔1938〕『満洲国工場統計』

警務総局経済保安科〔1944〕『満洲国の経済警察』満洲産業調査会

満洲興業銀行〔1942〕『最近ニ於ケル我国綿糸布ノ需給ニ付テ』1942 年

満洲経済時報社『満洲経済時報』

満洲鉱工技術員協会〔1942〕『満洲鉱工年鑑』

満洲国経済部『満洲国外国貿易統計年報』

満洲国財政部『満洲国課税輸入品統計』

満洲中央銀行調査課〔1938〕『満洲に於ける満人中小商工業者業態調査』（上巻）

満洲中央銀行調査部〔1944〕『都市購買力実態調査報告』

満洲中央銀行〔1943〕『満洲国会社名簿』

満洲中央銀行『満洲物価調』

満洲電気股份有限公司調査課〔1934〕『満洲に於ける電気事業概説』

満洲評論社『満洲評論』

満洲日日新聞社「大奉天新区画明細地図」(1939年2月)弘文堂書店

満洲輸入組合聯合会〔1936〕『満洲に於ける綾織綿布並加工綿布』

満洲輸入組合聯合会〔1936〕『満洲に於ける金巾、粗布及大尺布』

満鉄興業部商工課〔1927〕『南満洲主要都市と其後背地（奉天に於ける商工業の現勢)』

満鉄経済調査会〔1932〕『満洲産業統計』

満鉄経済調査会〔1935〕『日満関税協定関係資料』(立案調査書類第23編第1巻（続1))

満鉄経済調査会〔1935〕『満洲国関税改正及日満関税協定方策』(立案調査書類第23編第1巻)

満鉄経済調査会〔1935〕『満洲国第二次関税改正事情』(立案調査書類第23編第1巻（続2))

満鉄経済調査会〔1934、1935〕『満洲経済年報』改造社

満鉄産業部資料室〔1936〕『満洲国に於ける商工団体の法制的地位』

満鉄庶務部調査課〔1923〕『満洲に於ける紡績業』

満鉄庶務部調査課『北支那貿易年報』

満鉄庶務部調査課『満洲貿易詳細統計』

満鉄新京支社調査室〔1941〕『満洲に於ける機械器具工業の構成（上)』

満鉄地方部商工課〔1932〕『満洲商工事業概要』

満鉄地方部農務課〔1923〕『満洲の綿花』

満鉄調査課〔1931〕『満洲の繊維工業』

満鉄調査課『満鉄調査月報』

満鉄調査部〔1937〕『満洲五箇年計画立案書類』(『第8巻雑鉱工業関係資料』)

満鉄調査部〔1941〕『満洲紡績業立地条件調査報告』

満鉄東亜経済調査局〔1944〕『土着資本調査報告書』

日本綿織物工業組合聯合会『綿工聯』

大阪市産業部調査課『東洋貿易時報』

産業部大臣官房資料科〔1936〕『満洲国工場統計』

産業部大臣官房資料科〔1937〕『綿布並に綿織物工業に関する調査書』

新京商工会議所『新京商工月報』

商工省貿易局〔1938〕『阪神在留ノ華商ト其ノ貿易事情』

瀋陽市商会史料2354（遼寧所档案館所蔵)

東亜経済調査局〔1944〕『土着資本調査報告書』(附属表)

東北物資調節委員会〔1948〕『東北経済小叢書：繊維工業』

横浜正金銀行調査課〔1941〕『満洲綿業の概観』

(著者不明)〔1932〕「前途を期待さる、満洲の紡績業」『ダイヤモンド』20巻25号

(著者不明)〔1941〕『奉天ニ於ケル生産工業ノ実態』(中国吉林省社会科学院満鉄資料館所蔵)

(著者不明)「商工公会前史略要」(中国遼寧省档案館所蔵瀋陽市商会資料)

■著者紹介

張　　暁紅　（Zhang　Xiaohong）

　　　1977 年　中国遼寧省大連市生まれ
　　　2007 年　九州大学大学院博士課程修了、経済学博士
　　　現　　在　香川大学経済学部准教授
　　　主な業績　「1920 年代の奉天市における中国人綿織物業」（政治経済学・経
　　　　　　　　済史学会『歴史と経済』194 号、2007 年 1 月）
　　　　　　　　「『満州国』期における奉天の工業化と中国資本 ― 機械器具工
　　　　　　　　業の分析を中心として」（柳沢遊他『日本帝国勢力圏の東アジ
　　　　　　　　ア都市経済』所収、慶應義塾大学出版会、2013 年 10 月）
　　　　　　　　「『満洲国』の綿業統制と土着資本」（政治経済学・経済史学会
　　　　　　　　『歴史と経済』第 234 号、2017 年 1 月）

〔香川大学経済研究叢書 29〕

近代中国東北地域の綿業
― 奉天市の中国人綿織物業を中心として ―

2017 年 3 月 30 日　初版第 1 刷発行

■著　　者──張　暁紅
■発 行 者──佐藤　守
■発 行 所──株式会社 **大学教育出版**
　　　　　　　〒 700-0953　岡山市南区西市 855-4
　　　　　　　電話（086）244-1268　FAX（086）246-0294
■印刷製本──モリモト印刷㈱

©Zhang Xiaohong 2017, Printed in Japan
検印省略　　落丁・乱丁本はお取り替えいたします。
本書のコピー・スキャン・デジタル化等の無断複製は著作権法上での例外を除き禁じられ
ています。本書を代行業者等の第三者に依頼してスキャンやデジタル化することは、た
とえ個人や家庭内での利用でも著作権法違反です。
ISBN978 - 4 - 86429 - 444 - 7

≪香川大学経済研究叢書≫

書名	著者	出版社・体裁	叢書番号
不安定性原理研究序説	篠崎敏雄 著	香川大学経済学会／A5判・261頁／昭和62年3月刊行	研究叢書1
地域経済の理論的研究	井原健雄 著	香川大学経済学会／A5判・169頁／昭和62年8月刊行	研究叢書2
『資本論』の競争論的再編	安井修二 著	香川大学経済学会／A5判・180頁／昭和62年9月刊行	研究叢書3
購買力平価と国際通貨	宮田亘朗 著	香川大学経済学会／A5判・409頁／昭和64年1月刊行	研究叢書4
戦略的人間資源管理の組織論的研究	山口博幸 著	信山社／A5判・304頁／平成4年6月刊行	研究叢書5
ハロッドの経済動学体系の発展	篠崎敏雄 著	信山社／A5判・214頁／平成4年6月刊行	研究叢書6
戦後香川の農業と漁業	辻 唯之 著	信山社／A5判・180頁／平成5年9月刊行	研究叢書7
≪安価な政府≫の基本構成	山﨑 著	信山社／A5判・194頁／平成6年7月刊行	研究叢書8
戦前香川の農業と漁業	辻 唯之 著	信山社／A5判・291頁／平成8年7月刊行	研究叢書9
単位根の推定と検定	久松博之 著	信山社／A5判・177頁／平成9年9月刊行	研究叢書10
予算管理の展開	堀井悟暢 著	信山社／A5判・200頁／平成9年11月刊行	研究叢書11
市場社会主義論	安井修二 著	信山社／A5判・203頁／平成10年1月刊行	研究叢書12
香川県の財政統計	西山一郎 著	信山社／A4判・216頁／平成11年2月刊行	研究叢書13
ロマンス諸語対照スペイン語語源小辞典素案	秦 隆昌 著	信山社／A5判・194頁／平成11年2月刊行	研究叢書14
16世紀ロシアの修道院と人々	細川 滋 著	信山社／A5判・214頁／平成14年3月刊行	研究叢書15
Econometric Analysis of Nonstationary and Nonlinear Relationships	Feng Yao 著	信山社／A5判・211頁／平成14年3月刊行	研究叢書16
Cultural Values and Organizational Commitment -A collection of studies on Malaysia and Japan-	Lrong Lim and Hiroaki Itakura 著	大学教育出版／A5判・222頁／平成15年5月刊行	研究叢書17
ソ連・ロシアにおける地域開発と人口移動	雲 和広 著・訳	大学教育出版／A5判・200頁／平成15年6月刊行	研究叢書18
投資行動の理論	阿部文雄 著	大学教育出版／A5判・170頁／平成15年7月刊行	研究叢書19
フランス文化論序説 Le français langue étrangère en tant que critique culturelle	渡邉英夫 著	大学教育出版／A5判・166頁／平成16年2月刊行	研究叢書20
スラヴ語の小径 ―スラヴ言語学入門―	山田 勇 著	大学教育出版／A5判・242頁／平成18年3月刊行	研究叢書21
査定規制と労使関係の変容 ―全自の賃金原則と日産分会の闘い―	吉田 誠 著	大学教育出版／A5判・196頁／平成19年3月刊行	研究叢書22
余剰の政治経済学	沖 公祐 著	日本経済評論社／A5判・210頁／平成24年7月刊行	研究叢書23
ドイツ・システム論的経営経済学の研究	柴田 明 著	中央経済社／A5判・236頁／平成25年11月刊行	研究叢書24
ヴェールトとイギリス	髙木文夫 著	大学教育出版／A5判・189頁／平成26年3月刊行	研究叢書25
華僑的社会空間与文化符号	王 維 著	中山大学出版社／A5判・385頁／平成26年8月刊行	研究叢書26
アメリカの住宅・コミュニティ開発政策	岡田徹太郎 著	東京大学出版会／A5判・251頁／平成28年11月刊行	研究叢書27
明治前期予算制度史	長山貴之 著	丸善プラネット／A5判・246頁／平成28年12月刊行	研究叢書28

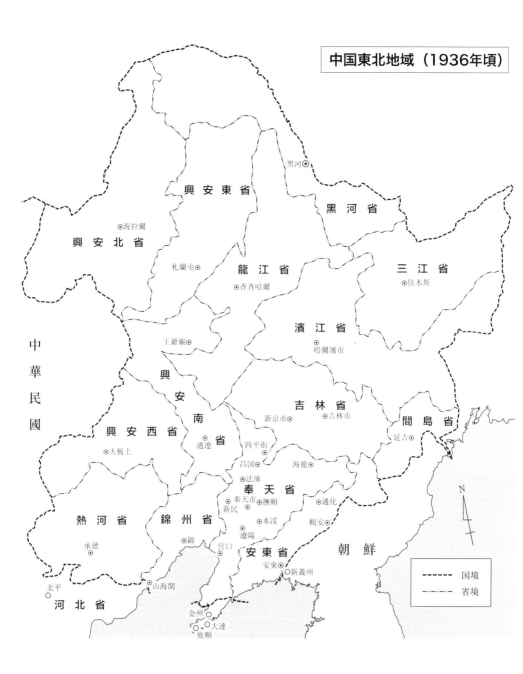